JN185637

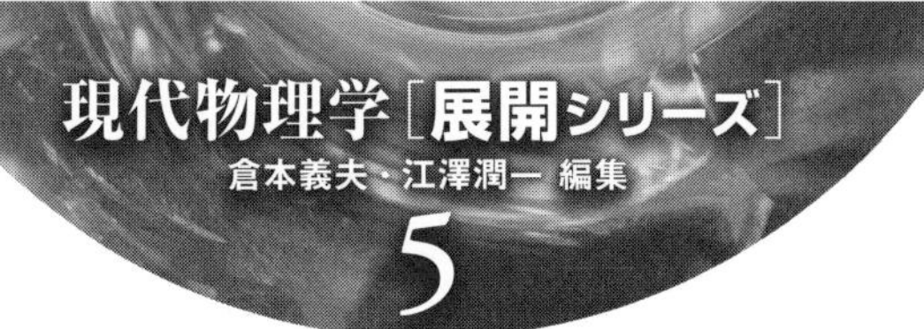

半導体量子構造の物理

平山祥郎・山口浩司・佐々木 智
［著］

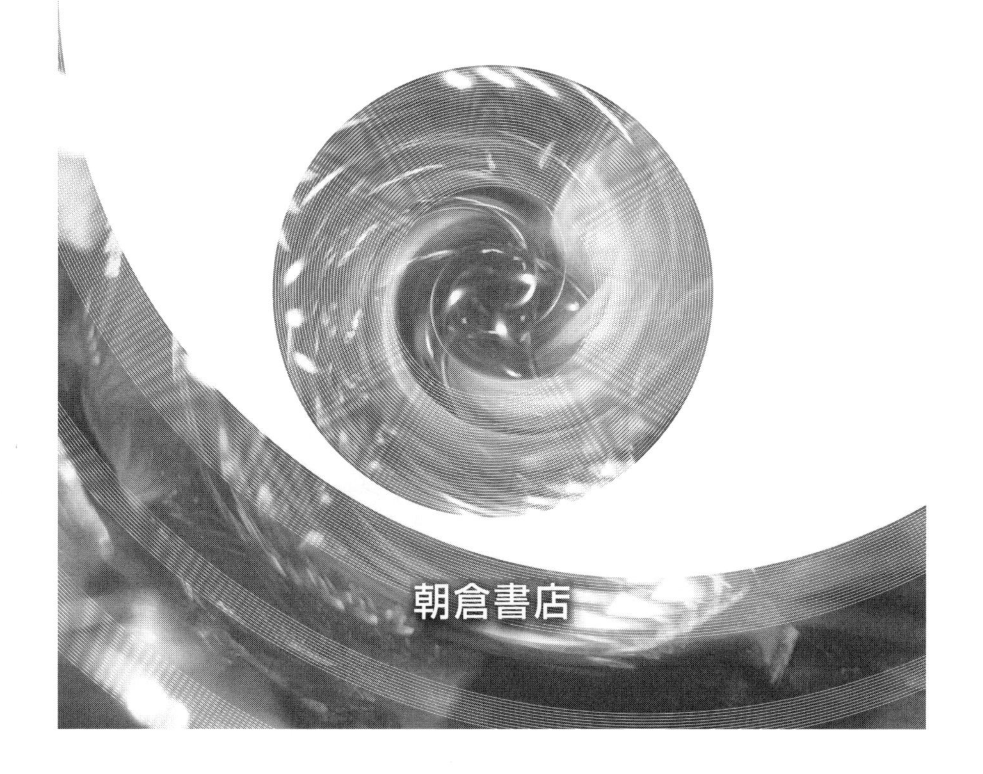

編集委員

くら もと よし お
倉本義夫　　高エネルギー加速器研究機構特別教授
　　　　　　東北大学名誉教授

え ざわ じゅん いち
江澤潤一　　東北大学名誉教授

まえがき

シリコンとシリコン酸化膜の界面に形成される2次元電子系がMOSFET (metal–oxide–semiconductor field-effect transistor，金属–酸化膜–半導体電界効果トランジスタ）の担い手であり，広く普及している半導体集積回路の原点になっているように，半導体量子構造は応用上極めて重要である．一方で，その2次元系で1980年に観測された量子ホール効果がノーベル物理学賞を受賞するなど，半導体量子構造は基礎物理の探究にも格好の舞台を提供してきた．この舞台では，整数量子ホール効果に引き続き，分数量子ホール効果，さらには様々なキャリアやスピンの相互作用が明らかにされ，最近では，グラフェンに代表される原子層半導体や高品質酸化物半導体にも舞台が広がっている．量子ホール効果自体もトポロジーが関係した現象であるが，それを前面に打ち出したトポロジカル絶縁体の研究も活発になっている．

半導体量子構造で制御される物理量としては，トランジスタの担い手となるキャリア（電子，正孔）に加えて，そのスピン，さらには電子と正孔が結合して形成されるフォトンがある．フォトンは発光素子やレーザーの観点から大きな発展を遂げ，スピンも次世代のエレクトロニクスデバイスの担い手として着目され，スピントロニクスという新分野が興隆している．最近では，半導体を構成する原子が有する核スピン，半導体構造の機械的振動であるフォノンも大きく取り上げられてきており，材料の観点からも制御する物理量の観点からも半導体量子構造は物性物理の中核として発展し続けている．

このような状況の中で，本書は材料に関してはすでに成熟しているGaAs系のヘテロ構造に集中して，特に低次元構造の物理を記述している．様々な材料を羅列的に記述することを避けることで，半導体量子系に共通する基礎物理を紹介することに力点をおいた．具体的には，半導体量子構造の作製法からスタートし，面状に電子を閉じ込めた２次元系，さらに閉じ込めを追加して細線状にした１次元系（量子細線），さらには３方向から閉じ込められた０次元系（量子ドット）について，そのもっとも重要な原理を解説している．一方で，半導体量子構造が扱う物理量として，従来から議論されてきた電荷やスピンに加えて，最近話題になっている核スピンやフォノンにも着目している．特に半導体構造の機械振動や機械振動と量子的な性質の結合については，その基礎をしっかり記述している．これまでの半導体の教科書ではあまり取り扱われていなかったこれらの事項を丁寧に解説している点は本書の大きな特徴である．

本書は第１章で半導体量子構造作製の基礎を山口，平山，佐々木が解説し，第２章で半導体２次元系，第３章で１次元バリスティックチャネルの量子輸送現象を平山が解説している．第４章では佐々木が量子ドットにおける量子輸送現象，すなわち０次元系について説明したのち，第５章では平山が量子状態のコヒーレント制御について，そのもっとも基礎的な部分を紹介している．第６章ではフォノン系への拡張として山口がマイクロ・ナノメカニクスの物理と応用について厚い記述を展開している．

本書は大学の１，２年次に古典力学や電磁気学を勉強した読者を想定している．これらの学生が大学３，４年次の専門課程，さらには大学院で勉強をする際の教科書的な存在になることを考えているが，すでに研究や開発に取り組んでいる研究者が，量子構造の基礎や異なる物理量の制御について新たに勉強しようとする際にも適した参考書になるものと期待している．

2016年５月

平山祥郎

目　　次

1 半導体量子構造の作製

1.1 は じ め に

半導体量子構造を用いた物性研究は，この 20～30 年の間にもっとも大きな発展を遂げた物理学分野の一つであるといえる．この発展を支えた屋台骨として，半導体量子構造を作製する技術が著しく進歩した点を無視することはできない．従来の半導体人工構造では，構造のサイズが電子の波長に比べてずっと大きかったため，電子の波動性が顕著に現れることはほとんどみられなかった．しかしナノテクノロジーなどの作製技術が進歩し，電子の波長と同程度に小さく，かつ高い結晶品質が保たれた人工構造が作製できるようになると，電子の量子力学的な波としての性質を人工的に制御することが可能となった．例えば，量子力学の教科書で練習問題として扱われていた井戸型ポテンシャルは，半導体量子井戸として結晶成長により実現することができ，電子の持つ量子化エネルギーは，量子井戸の膜厚制御により様々な値に選ぶことができる．さらに，電子ビーム露光装置により量子ドット構造を作製し，まさに原子と同様の殻構造を有するエネルギースペクトルを人工的に形成することすら可能になった．

このような高品質半導体微細構造の作製技術は，主に二つの大きな基盤技術に支えられている．一つは高品質半導体薄膜の結晶成長技術，もう一つは電子ビームリソグラフィーに代表されるナノスケールの微細加工技術である．一般に半導体量子構造は半導体ウエハの上にヘテロ構造と呼ばれる原子層単位で膜厚が制御された多層構造を作製することにより，ウエハ面に垂直な方向の微細構造を形成し，その後リソグラフィーにより面に平行な方向の微細構造を形成する．これにより，所望の3次元的な微細構造を作製することができる．本章では，以下の各章で中心的な役割を果たすことになる半導体量子構造の作製手法として，これら二つの微細構造作製技術，ならびにもっとも基本となる半導体構造について簡単に紹介することにする．

1.2　半導体量子構造の結晶成長

近年大きく進展した高品質薄膜成長技術には，主に超高真空技術をベースとした分子線エピタキシ法（molecular beam epitaxy; MBE）と，気相成長をベースとした有機金属気相成長法（metal organic chemical vapor deposition; MOCVD）がある．前者は液体窒素という高価な寒剤が必要であるというデメリットがある半面，極めて純度の高く，界面平坦性の高い半導体薄膜を成長できるというメリットがある．一方後者は，ランニングコストが低く大量生産に向いているというメリットを持つ．最近，世の中に広く出回っている窒化物半導体を用いた素子は，主に後者のMOCVDで成長されている．しかし，GaAs系の半導体を用いる半導体量子構造の物理を探求する上では，極低温において優れた特性を有するMBE法による試料が用いられることが多い．それゆえ本書ではMBE技術について説明することにする[1)]．

最初にMBE装置に関して簡単に紹介しよう．図1.1はMBE装置の基本ともいうべき2室構成のMBE装置の写真と上面から見た模式図である．MBE

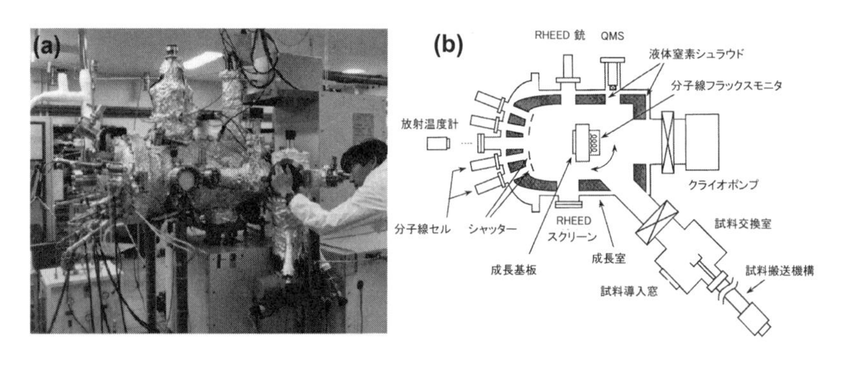

図 1.1　最も基本的な2室構成のMBE装置の (a) 写真と (b) 上から見た模式図

は超高真空装置のひとつであり，通常 10^{-10} Torr の高い真空度を有する真空チャンバーに，成長に必要な様々な装置を取り付けたものである．真空ポンプとしてはクライオポンプ，イオンポンプ，液体窒素トラップ付き油拡散ポンプなどが用いられ，さらには As などの蒸気圧の高い材料を用いる際には，真空度改善のための液体窒素シュラウドが使われる．

図中でチャンバーの中心に設置されているのが成長基板であり，表面処理を行った半導体の単結晶ウエハが用いられる．この成長基板に向けて，図 (b) 中左にある分子線セルから成長材料の分子線を照射することにより結晶成長が進展する．例えば，GaAs という材料を成長したい場合には，Ga と As の原料が別々に照射され，InSb という材料を成長したければ，In と Sb が照射される．照射の開始・停止は，分子線セルの前面に設けられたシャッターを用いて分子線を遮ることにより行われる．これらの照射は多くの場合に原子線として行われるが，As_4 や As_2 などの分子線として供給される場合もある．それゆえ「分子線」エピタキシという名称が使われているわけである．基板に照射される材料としては，これらホスト半導体を構成する基本元素に加え，半導体の伝導特性を制御するドーパントがある．例えば GaAs においては n 型半導体を構成する Si，p 型半導体を構成する Be などのドーパントが用いられる．これらの照射量は，ホスト半導体の構成材料に比較してずっと少量でよい．

分子線を供給する仕組みは非常にシンプルである．分子線セルの加熱装置の中に原料を置き，十分な蒸気圧が得られる温度まで加熱する．加熱により蒸発した原料が超高真空中を直進し，成長基板の表面に到達する．一般に，到達した原料が規則正しい結晶構造を形成するには，ある程度の高い温度が必要であるため，成長基板も加熱される．複数の原料に対する分子線セルと成長基板のそれぞれの温度を個別に制御することにより，最適な成長条件を用いた高品質薄膜を成長することができる．この点が一般の蒸着装置とは大きく異なる装置上の特徴のひとつとなっている．

MBE 装置の大きな利点のひとつは，図 1.1(b) に示した RHEED 銃と RHEED スクリーンを用い，結晶成長のその場観察ができるという点である．RHEED とは高速反射電子線回折（reflection high energy electron diffraction）の略称であり，10〜20 kV 程度の高電圧を用いて加速した電子線を基板表面に照射し，その回折パタンを蛍光スクリーンに表示させることにより，表面の電子状態を原子レベルで解析する装置である．特に，MBE 成長が高真空中で行われるため，成長による表面の変化をその場で観察することができる点は大きなメリットである．その具体例を図 1.2(a) に示す．基板表面に As 分子を照射した状態で Ga のシャッターを開けることにより，GaAs の成長が開始するが（図中 “Ga shutter open”），その直後より反射電子線の強度が大きく振動し，成長の中断（図中 “Ga shutter closed”）とともに振動が消失することが観測される．J. Neave と B. A. Joyce のグループはこの周期と成長速度を詳しく比較し，実はこの振動の 1 周期が，1 分子層の GaAs の成長に相当していることを明らかにした[2]．すなわちこの RHEED 観察では，結晶成長の微視的過程を 1 分子層単位のレベルでモニターできることを意味している．この微視的過程に対応する表面形状の変化を模式的に示したものを図 1.2(b) に示す．成長前に原子レベルで平坦であった表面が，成長開始とともに成長核を形成し，その後それらが発展した 2 次元島がお互いに融合して分子層を形成し，再び平坦な表面を形成する．このような微視的な過程を，成長の「その場」で観察できた例は極めて少なく，MBE は成長の微視的過程を詳細に解析するツールとしても，大きく発展した．

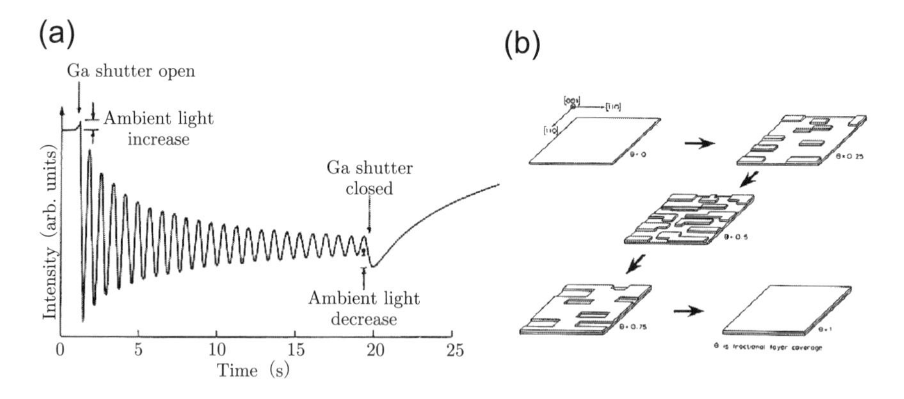

図 1.2　(a) GaAs 成長における RHEED 電子線反射強度の変化と (b) その際の表面形状変化の模式図[2]

1.3　結晶成長による低次元構造の作製

さて，このように原子レベルで成長を制御できる MBE 技術であるが，その最も大きな御利益の一つは，高品質の低次元量子構造を作製できるという点である．先に MBE 成長では，成長表面が原子レベルで平坦になっていることを述べた．すなわち，ある組成の結晶を成長した後，異なる組成の材料を続けて成長すると，その界面は原子レベルで平坦になることが期待される．このように，異なる材料が単結晶性を維持して構成した界面を「ヘテロ界面」，そしてヘテロ界面を含む層構造を「ヘテロ構造」と呼ぶ．高品質のヘテロ構造を成長するには重要な条件がある．それは「二つの材料が似通った格子定数を持つ」という点である．その典型例として，最も広く用いられているものの一つが GaAs と AlAs である．前者の格子定数が 5.6419 Å, 後者が 5.6611 Å と，これらは極めて近い値を持つ．このため，GaAs と AlAs はもちろんのこと，それらの混晶である $Al_xGa_{1-x}As$ $(0 \leq x \leq 1)$ も含めた一連の混晶材料は品質の優れたヘテロ構造を作製する材料として使われている．

図 1.3 に典型的な GaAs/AlAs 多層ヘテロ構造の透過電子顕微鏡（TEM）写真を示す[3)]．AlAs と GaAs では格子像のパタンが明確に異なっているが，その境界が 1～2 分子層厚程度の範囲で急峻に変化していることがわかる．この実

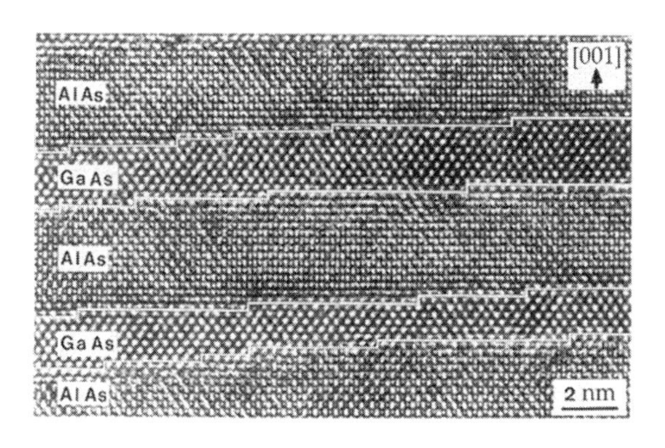

図 1.3　GaAs/AlAs 多層ヘテロ構造に対する透過電子顕微鏡写真．白線がヘテロ界面の位置を示す[3)]．

験では，面方位が [001] 方向よりやや左側に傾いた基板を用いているため，それぞれの界面も傾斜しているが，それにより，1 分子層厚の段差が生じていることが観察される．この段差は「分子ステップ」と呼ばれ，界面における凹凸の最小単位に相当する．このようなヘテロ構造は半導体レーザーや高速トランジスタなどの実用デバイスを作製する上で重要な技術であるが，半導体中の伝導電子に対する量子効果を出現させる「低次元量子構造」としても極めて重要である．すでに GaAs と AlAs は，ほぼ同じ格子定数を有していると書いたが，実はその半導体の特性は大きく異なっている．例えば GaAs のバンドギャップが 1.43 eV であるのに対し，AlAs は 2.16 eV である．また，GaAs が直接遷移型の半導体であるのに対し，AlAs は間接遷移型であり，バンド構造も異なっている．このように大きく性質の異なる半導体を伝導電子の波長程度の厚さで接合すると，電子の波としての性質，すなわち量子力学的な性質が出現する．このような例として，量子井戸について紹介しよう．

図 1.4(a) は典型的な量子井戸の構造を示す．この例では薄い GaAs 層が二つの $Al_{0.3}Ga_{0.7}As$ 層に挟まれた構造をしている．MBE 成長において，$Al_{0.3}Ga_{0.7}As$ 層 → GaAs 層 → $Al_{0.3}Ga_{0.7}As$ 層 の順に成長をすることにより作製することができる．ここで GaAs は $Al_{0.3}Ga_{0.7}As$ より小さなバンドギャップを持っている．このバンド構造を図示したものが図 1.4(b) である．この GaAs 層の厚さが電子や正孔の波長と同等になると，電子が井戸型ポテンシャルに閉じ込められた効果により，電子や正孔のエネルギーが増加することになる．この井戸のフォトルミネッセンス発光特性を測定すると，ちょうど電子と正孔のエネルギー差の光子が放出されるため，このような井戸型のポテンシャル形状を持った半導体では，通常の GaAs 薄膜よりも発光エネルギーが増加することが期待される．これを実際に確認したのがベル研究所の Miller らである[4)]．図 1.4(c) にその結果を示す．GaAs の膜厚を変えていくと，ちょうど電子の波長と同等の厚さである数十 nm の厚さになると，発光エネルギーが増加していることがわかる．このように，分子層レベルでの膜厚制御により，電子の量子力学的な性質までをも制御し，より自由度の高い半導体材料を構成することができるわけである．

さらに最近では量子ドットと呼ばれる 3 次元のあらゆる方向に閉じ込められ

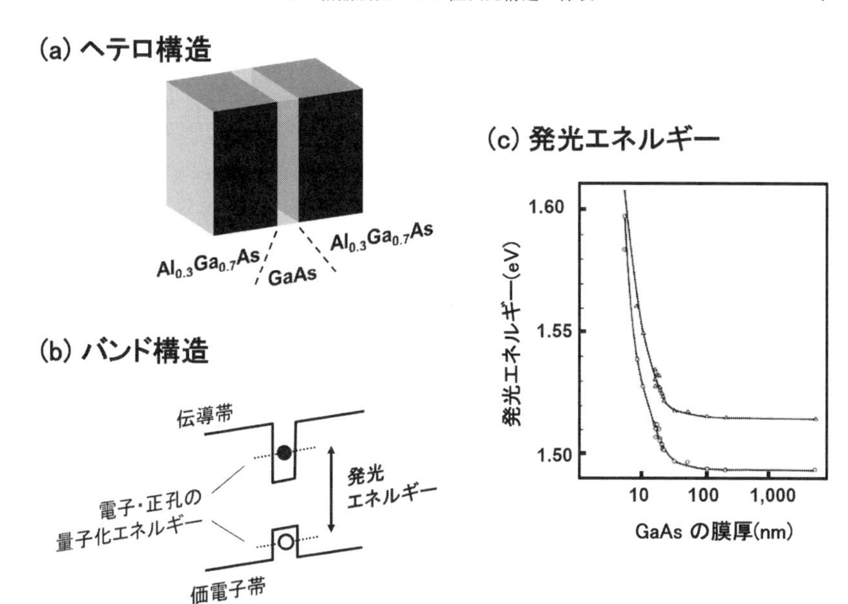

図 1.4　(a) 量子井戸のヘテロ構造と (b) そのバンド構造．量子効果により，本来の GaAs より電子や正孔は高いエネルギーを持つ．このエネルギー差が量子井戸の発光エネルギーを与える．(c)GaAs の膜厚に対して実験的に得られた発光波長[4]．

た量子構造を，結晶成長のみで作製することが盛んに行われている．先ほどの量子構造が「2 次元」構造であるのに対し，この量子ドットは「0 次元」構造である．3 次元のすべての方向にエネルギーの量子化が起きるから，エネルギースペクトルは完全にとびとびになる．2 次元的な層構造からリソグラフィーにより微細構造を作製する方法は後ほど説明することとし，ここでは結晶成長のみで作製する方法を紹介しよう．

このような構造を作製するには，材料間の格子定数差を用いる．GaAs と AlAs の格子定数が極めて似通っていることが，高品質のヘテロ構造を作製する上で重要である点について先に述べた．では逆に大きな格子定数差がある材料（格子不整合系）の場合では，どうなるのであろうか．格子不整合がある場合の成長様式を図 1.5 に示す．成長層が基板に比べ大きな格子定数を持つ場合，層状成長では結晶が面内方向に大きく圧縮させられるため，エネルギーが高く

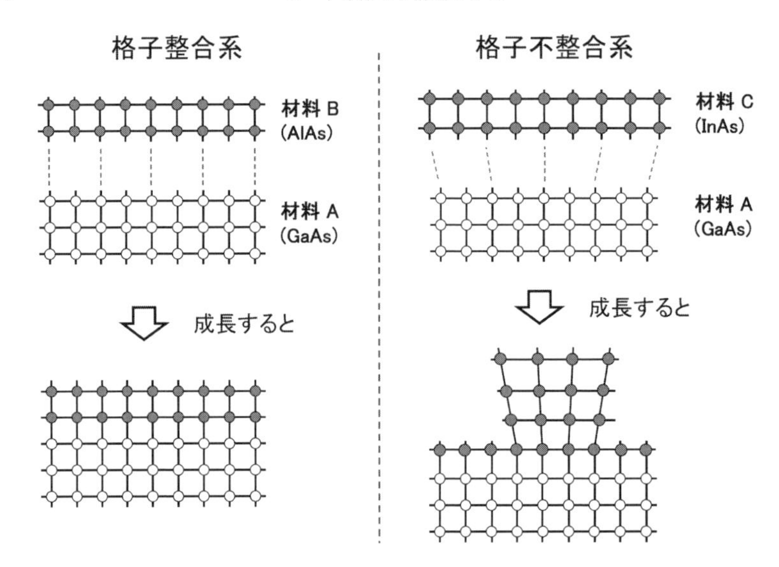

図 1.5　格子定数差が小さい場合（格子整合系）と大きい場合（格子不整合系）における成長様式の模式図．層状成長が進む格子整合系に対し，格子不整合系では歪によるエネルギーを減らすため，3 次元的な成長が進む．この成長様式を Stranski–Klastanov（SK）成長と呼ぶ．

なって不安定となる．これを少しでも減らすために島状の成長が進むことになる．このような島形状では，上部の結晶は下部に比べて少ない圧縮度で済むため，エネルギー的に得になるのである．実際には，表面の面積が増えるため表面エネルギーの増加もあるわけで，この増加と圧縮エネルギーの減少との大小関係で島状成長が起きるかどうかが決まる．このような島の成長が起きる成長様式を Stranski–Klastanov（SK）成長と呼ぶ．

SK 成長が起きる典型的な例が，GaAs 基板上に InAs を成長した場合である．InAs の格子定数は 6.058 Å であり GaAs に比べて格子定数が約 7%大きく，格子不整合系の典型例である．GaAs 基板の上に InAs を成長したときの表面形状を図 1.6(b) に示す[5]．1 分子層の成長では平坦な表面であるが，1.6 分子層あたりから島状の結晶が形成され始める．この結晶は高さが数 nm，幅が数十 nm と極めて小さい．InAs のバンドギャップは GaAs より小さいため，この島状の結晶を GaAs の成長で覆うことにより，3 次元方向に電子が閉じ込められる量子ドットとして用いることができる．図 1.6(c) は，このように作製し

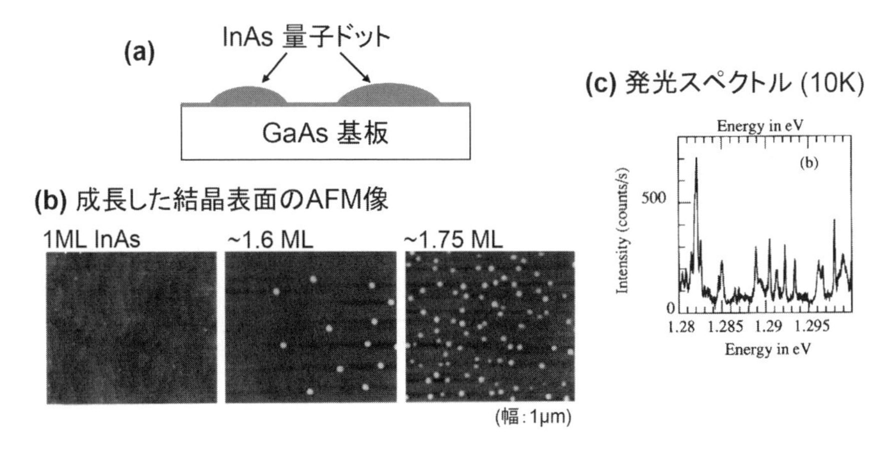

図 1.6 (a) GaAs 基板に上に InAs を成長したときの成長層の形状を示した模式図. 島状に成長した InAs 結晶は, その上に成長した GaAs で覆った後, 量子ドットとして用いられる. (b) GaAs 上に 1 分子層, 1.6 分子層, 1.75 分子層の InAs を成長した後の表面形状の原子間力顕微鏡 (AFM) 像[5]. (c) 成長した量子ドット結晶の発光スペクトル. 一つ一つの量子ドットに対応した極めて鋭い発光スペクトルが観測される[6].

た試料の発光特性であり, 1 個 1 個の量子ドットの離散エネルギー準位に対応した鋭い発光スペクトルが得られている[6].

1.4 高移動度 2 次元構造

2 次元量子物性が発現する舞台となる高移動度 2 次元電子 (正孔) 系は結晶成長法の一つである MBE 法を用いて, 主に GaAs, AlGaAs のヘテロ構造で実現されている. 2 次元電子 (正孔) 系を実現するためには, 電子 (正孔) が結晶成長方向 (z 方向) に閉じ込められ, xy 平面内では自由に動ける状況を作る必要があり, 主に図 1.7 に示したような構造を用いる. 図 1.7(a) は広く用いられている構造で $Al_xGa_{1-x}As$ と GaAs の単一ヘテロ接合からなっている. $Al_xGa_{1-x}As$ における Al の比率は 30%程度 ($x \sim 0.3$) が一般的である. 電子 (正孔) 系が不純物による散乱を受けると高移動度が実現できないことから, 伝導電子 (正孔) などのキャリアを形成するドナ (アクセプタ) 不純物は $Al_xGa_{1-x}As/GaAs$ 界面から離れた $Al_xGa_{1-x}As$ 中に形成する. これが変調

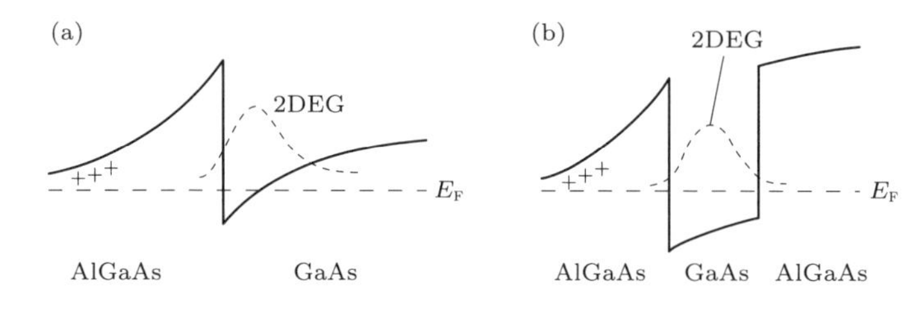

図 **1.7** $Al_xGa_{1-x}As$/GaAs 系で 2 次元電子系を実現するための量子構造．(a) 単一ヘテロ構造，(b) 量子井戸構造の伝導帯のバンドダイアグラム．バンドギャップの異なる半導体を接続したヘテロ構造では伝導帯に不連続性が生じるが，この不連続性を利用して電子が 2 次元に閉じ込められている．

ドープ構造と呼ばれる構造である．$Al_xGa_{1-x}As$ と GaAs はバンドギャップが異なり，例えば伝導帯に図 1.7(a)(b) に示したような不連続が生じるため，変調ドープされたドナ（図中＋で表示）と $Al_xGa_{1-x}As$/GaAs 界面の電子が試料全体で電荷中性条件を満たすようにつり合うとき，不純物であるドナから離れたところに 2 次元伝導電子が形成される．2 次元的な閉じ込めをより明確にするために $Al_xGa_{1-x}As$/GaAs/$Al_xGa_{1-x}As$ 量子井戸構造（図 1.7(b)）を用いることも多い．

図 1.8 に AlGaAs/GaAs で実現されてきた移動度がどのように変化してきたかの歴史を示す．低温での移動度は主に 2 次元電子系が伝導する GaAs 領域に存在する不純物による散乱で支配されている．1978 年に変調ドープの導入により 3 次元のバルク GaAs で得られている移動度から大幅に改善されて以来，MBE 成長装置の改良，結晶成長に使用する Al，Ga，As の材料の純度の改良，さらにヘテロ構造の工夫により不純物散乱の影響が徐々に低減され，世界的には $3 \times 10^7\ \mathrm{cm^2/Vs}$ の移動度が得られている[7)]．不純物による散乱を抑制した高移動度 2 次元系はキャリア間の相互作用を不純物に邪魔されずに観測するには大変重要であり，後に議論する分数量子ホール効果を明瞭に観測するためには $10^6\ \mathrm{cm^2/Vs}$ 以上の移動度が必要になる．なお，高温領域では移動度が低下するが，これはフォノンが熱により励起され，フォノン散乱が移動度を支配するためである．実際の 2 次元系では電子密度を制御して伝導特性を測定することも多いが，GaAs 系の構造の場合は 2 次元構造の表面に金属ショットキーゲートを設けて，この電極に電圧を印加することで GaAs 中の 2 次元伝導領域（2 次

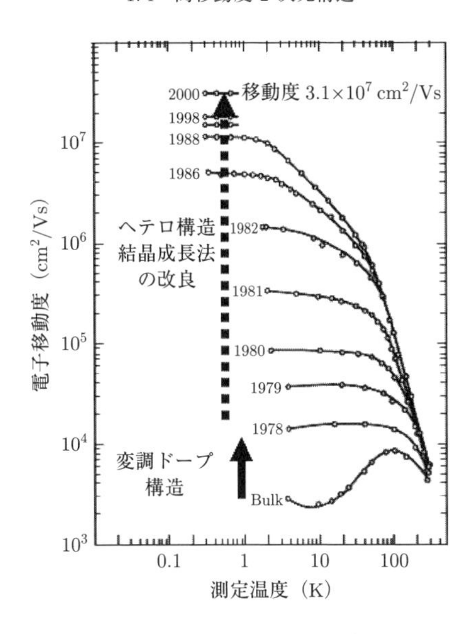

図 1.8 $Al_xGa_{1-x}As/GaAs$ 2 次元電子系の移動度の年次変化．変調ドープの導入により大きく改善されたのち，ヘテロ構造の工夫，結晶成長法の改良，材料の高純度化により継続的に改善され，現在では 10^7 cm^2/Vs を超える移動度が内外で得られている[7]．

元チャネル）の電子（正孔）密度を制御することができる．表面にゲートを設ける代わりに，2 次元構造を n 型 GaAs 基板の上に成長し，基板をバック側のゲート（バックゲート）として用いることもできる．この場合にはバックゲートと 2 次元チャネルの絶縁性を保ちかつ 2 次元チャネルが形成される GaAs 層の品質を保つために，2 次元チャネルと n 型基板の間に AlAs/GaAs の超格子を挟んだりする．ゲートによる制御技術をうまく使うとドーピングなしでゲート誘起のみで 2 次元系を形成することも可能で，ドーピングの影響のない 2 次元系形成に利用されている[8]．

超高純度で超高移動度の 2 次元系が実現される点では $Al_xGa_{1-x}As/GaAs$ 系が優れているが，2 次元系は様々な系で実現されている．一般的に半導体デバイスに用いられている Si と Si 酸化膜の界面に形成されるキャリアも 2 次元系である．室温で高移動度を得ることを目指して，有効質量が小さい InAs 系や InSb 系の 2 次元チャネルも作製されており，伝導電子のスピンと軌道運動の相互作用を利用したスピントロニクスなどへの応用も進められている．最近では，高品質酸化物半導体のヘテロ界面や中空に浮いた，あるいは窒化ボロン上に載せた高品質グラフェンにも高品質 2 次元系が実現され，分数量子ホール効果も観測されている．

最後に 2 次元系の特性を理解する上でその基礎となる状態密度（電子の場合，伝導電子が使用できる状態の数）について考える．2 次元系の電子のエネルギーは，

$$E = E_{2\mathrm{D},n} + \frac{\hbar^2}{2m^*}(k_x^2 + k_y^2) = E_{2\mathrm{D},n} + \frac{\hbar^2 k^2}{2m^*} \tag{1.1}$$

で表すことができる．ここで k は k ベクトルの絶対値である．$E_{2\mathrm{D},n}$ は結晶成長方向（z 方向）へ閉じ込められた電子が有する固有エネルギーであり，図 1.7(b) のような量子井戸では井戸型ポテンシャルに閉じ込められた電子のエネルギーとして理解できる．第 2 項は 2 次元平面（xy 平面）を自由に運動する電子のエネルギーであり，m^* は有効質量である．2 次元の閉じ込めが弱い（量子井戸の幅が広い）場合は複数の $E_{2\mathrm{D},n}$ を考慮する必要があるが，通常は E_F が $E_{2\mathrm{D},0}$ と $E_{2\mathrm{D},1}$ の間に存在することが多く，この場合は低温では一番基底である $E_{2\mathrm{D},0}$ の状態に存在する電子のみを考えればよい．この教科書でも主にこの状態を議論する．なお，E_F はフェルミ準位であり，電子は E_F までの状態を占有することになる．式 (1.1) を k で微分することで，

$$dE = \frac{\hbar^2}{m^*} k\, dk \tag{1.2}$$

が得られる．状態は k 空間で 2π の間隔で存在するので，2 次元平面（xy 平面）を自由に運動する 2 次元電子に対し，$k \sim k + dk$ に存在する状態の数の合計は $2\pi k\, dk$ の面積を $(2\pi)^2$ で割った，

$$D(k)dk = \frac{g_\mathrm{s} 2\pi k}{(2\pi)^2} dk = \frac{g_\mathrm{s}}{2\pi} k\, dk \tag{1.3}$$

で表すことができる．ここで g_s は縮退度である．通常ゼロ磁場においては上向きと下向きのスピンが縮退して存在するため $g_\mathrm{s} = 2$ となる．Si やグラフェンのように谷自由度などその他の自由度がある場合は g_s は谷などの自由度の数にスピン自由度の 2 を掛けた数になる．状態密度はエネルギーの関数としての状態の数であり，式 (1.2) と式 (1.3) を用いることで，状態密度 $D(E)$ は，

$$D(E)dE = \frac{g_\mathrm{s}}{2} \cdot \frac{m^*}{\pi\hbar^2} dE \tag{1.4}$$

で表すことができる．この式から 2 次元系において，m^* が一定の場合には，状態密度はエネルギーに依存せず一定であることがわかる．これは 2 次元系の重要な特徴である．低温で E_F まで電子が詰まっている場合，2 次元系の状態密度から 2 次元系の電子密度 n_2D は，

$$n_\mathrm{2D} = \frac{g_\mathrm{s}}{2} \cdot \frac{m^*}{\pi\hbar^2}(E_\mathrm{F} - E_\mathrm{2D,0}) \tag{1.5}$$

となる．この式から E_F と n_2D の関係が求まる．なお，$D(E)$ の単位は $\mathrm{m^{-2}eV^{-1}}$ であり，n_2D の単位は $\mathrm{m^{-2}}$ である（慣例として半導体分野では m の代わりに cm を使用することも多い）．これらを 2 次元系の z 方向の広がりで割ると，3 次元の状態密度，電子密度が出るが，2 次元系はその特徴として z 方向の厚みが電子の波長オーダー，いわば電子のサイズのオーダーであり（それゆえに z 方向に閉じ込め状態が形成されるのであり），3 次元の状態密度，電子密度を議論することは本質的ではない．

問題 1.1：　2 次元系の議論と同じ議論を展開することで 3 次元系，1 次元系，さらには 0 次元系の状態密度がどのようになるか考えよ．

3 次元　　$E = \dfrac{\hbar^2}{2m^*}(k_x^2 + k_y^2 + k_z^2) = \dfrac{\hbar^2 k^2}{2m^*}$，　$dE = \dfrac{\hbar^2 k}{m^*} dk$
k〜$k + dk$ の体積は $4\pi k^2 dk$．ここに $(2\pi)^3$ おきに状態があるので，

$$\begin{aligned} D(k)dk &= \frac{4\pi k^2}{(2\pi)^3} dk = \frac{4\pi k^2}{(2\pi)^3} \cdot \frac{m^*}{\hbar^2 k} dE \\ &= \frac{1}{\sqrt{2}\pi^2} \left(\frac{m^*}{\hbar^2}\right)^{3/2} \sqrt{E} dE \end{aligned}$$

スピンなどの縮退度 g_s を考えると，$D(E) = \dfrac{g_\mathrm{s}}{\sqrt{2}\pi^2} \left(\dfrac{m^*}{\hbar^2}\right)^{3/2} \sqrt{E}$

1 次元　　$E = E_{\mathrm{1D},n} + \dfrac{\hbar^2 k_x^2}{2m^*}$，　$E_{\mathrm{1D},n}$：1 次元の n 番目の準位のエネルギー

便宜上 k_x を k に置き換えると，$dE = \dfrac{\hbar^2 k}{m^*} dk$

1 次元は x 方向にのみ運動の自由度があるので，x 方向に走る電子を考えると，k〜$k + dk$ に存在するのは dk の長さだけ．ここに 2π 間隔で状態が入る

ので，

$$D(k)dk = \frac{dk}{2\pi} = \frac{1}{2\pi} \cdot \frac{m^*}{\hbar^2 k} dE = \frac{1}{h} \left[\frac{m^*}{2(E - E_{1\mathrm{D},n})} \right]^{1/2} dE$$

したがって，縮退度 g_s も考えると，$D(E) = \frac{g_\mathrm{s}}{h} \left[\frac{m^*}{2(E - E_{1\mathrm{D},n})} \right]^{1/2}$

0 次元　　状態は各 0 次元単位にしか存在しないので

$$D(E) = g_\mathrm{s}\delta(E_{0\mathrm{D},n}), \quad E_{0\mathrm{D},n}：n \text{ 番目の 0 次元準位のエネルギー}$$

1.5　リソグラフィーによる量子構造作製

近年のナノ加工技術の発展により，半導体量子細線や量子ドットといった低次元構造を作製し，その特徴的な物性を調べることが可能となってきている．ここでは，前節までに述べられた 2 次元電子ガスを含む半導体の高品質ウエハに加工を加え，1 次元構造（量子細線）や 0 次元構造（量子ドット）を作製する手法を解説する．すでに 1.2 節でも述べたように，これらの低次元構造を得るためには結晶成長機構をうまく利用したボトムアップ的な手法もあるが，ここではリソグラフィーによるトップダウン的な微細加工手法に限定して述べていきたい[9]．

図 1.9 は，半導体のパタニングの流れを示す模式図である．通常は，種々の感光剤（レジスト）を介して半導体にパタンを転写するので，まず第一に，半導体基板表面にレジストを塗布する必要がある．レジストを滴下した基板をスピンコータを用いて適当な回転数で回転させることにより，数百 nm から数 μm のほぼ均一な厚みのレジスト層を形成することができる．その後，レジスト中に含まれる余分な溶媒を蒸発させるため，オーブンやホットプレートで一定時間加熱する（プリベーク）．

このレジストを感光させるのが次のステップとなる．転写するパタンサイズが μm サイズ以上と比較的大きい場合には，水銀ランプなどの可視から紫外域の光を用いてフォトリソグラフィーを行う．まず，透明ガラス板表面に，所望のパタン形状に金属膜がパタニングされたフォトマスクを予め準備しておき，これをレジストを塗布した基板表面にマスクアライナで密着させて光を照射す

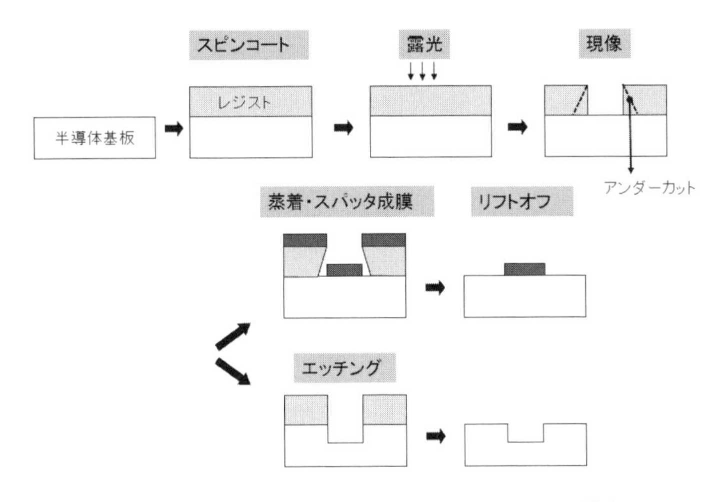

図 1.9　リフトオフとエッチングによるリソグラフィーの流れ

る．フォトマスクの透明部分のみ光が透過してレジストが感光するので，これを現像液につければ，ポジレジストの場合には感光部のみ，ネガレジストの場合には未感光部のみレジストが除去されて，部分的に半導体表面が露出する．実用デバイスの作製に使用されるステッパーのように，フォトマスクを基板に密着させずに，マスクパタンを適当な倍率で縮小して結像させる投影露光方式もある．また，フォトマスクを介さずに，パタンデータから直接描画パタンを露光可能な，マスクレス露光機も近年は一般化しつつある．

いずれにせよ，フォトリソグラフィーでは光の回折限界によってパタンサイズの下限が決まってくるため，通常 1 μm 以下のパタン形成は困難である．キャリアの量子閉じ込めを行って低次元構造を実現するには，フェルミ波長程度に伝導チャネルを狭窄しなければならない．半導体ナノデバイスにおいては，100 nm オーダーの加工まで行う必要があるが，このような領域はフォトリソグラフィーでは実現不可能である．そこで，桁違いに短いド・ブロイ波長を有する電子線描画装置を用いると，10 nm 程度のパタン形成も可能となる．この際，電子線自体は数 nm に絞り込まれ，数十 kV 以上の高電圧で加速されて PMMA や ZEP などの専用のレジストを塗布した基板に照射される．描画パタンは予め CAD などで準備しておき，このパタンデータに従って電子線をスキャンすることによって直接レジストを露光するので，フォトリソグラフィーのようにマスクは使用しない．したがって，簡便にパタン変更が可能である反面，大面積を一度に露光できるフォトリソグラフィーに比べて描画には長時間を要し，スループットは遅くなる．電子線の場合も，フォトリソグラフィーと同様，露光されたレジストを専用の現像液につけることによって，ネガ・ポジに応じて部分的にレジストが除去される．異なる点としては，基板によって電子線が後方散乱される効果により，ポジ型レジストを現像した後の断面形状は図 1.9 中破線で示したように庇が張り出したようなアンダーカット型になり，後述するようにリフトオフプロセスには有利である．しかしながら，後方散乱は隣接するパタンへの電子線照射量（ドーズ量）に影響を与える近接効果の原因となり，適正なパタン形状を得るためには部分的なドーズ量補正が必要となるケースもある．一般に，電子線加速電圧が高くなるほど基板の奥深くまで電子線が打ち込まれるので，後方散乱の影響は小さくなる．実際の電気伝導測定用ナノデバイス作製においては，低次元構造心臓部の細かい部分のみ電子線でパタニングし，ワイアボンディング用パッドなどの数百 μm オーダーの大面積部は，フォトリソグラフィーで作製して電子線パタンと連結させることにより，大面積高スループットパタニングと微細パタニングを両立させている．

ここまでの段階で，半導体基板上のレジストが所望の形状にパタニングされたことになるが，次に，レジストをマスクとして半導体基板にパタンを転写する工程に入る．それには大きく分けて 2 種類の方法があり，第一は金属や絶縁膜などの別の物質を半導体基板上に堆積させる方法，第二は化学溶液やプラズマガスによって，半導体基板を部分的に削り取るエッチングである．その際，堆積やエッチングを行う前に，紫外線照射で発生させたオゾンを用いる UV オゾンクリーナーや後述するドライエッチング装置の一種である酸素プラズマアッシャーなどを適宜用いてレジスト残渣を除去し，下地の半導体を完璧に露出させておく（デスカム処理）ことにより，堆積膜と半導体との密着度やエッチングの制御性を改善することができる．

まず，膜堆積について述べる．金属を基板表面に堆積させるには通常，真空蒸着装置を用いる．金属としては，Ti，Cr，Au，Ge，Ni，Al，W などを用途に応じて使い分ける．比較的融点の低い金属は簡便な抵抗加熱ヒータで蒸着可能だが，融点の高い金属の場合は，電子ビームを照射して加熱する電子ビーム蒸着装置がよく使われる．また，SiO_2 のような絶縁膜の場合には，所望の物質でできたターゲットに Ar イオンを衝突させて，はじき飛ばされたターゲット物質を半導体基板上に堆積させるスパッタリング装置などが用いられる．いずれにせよ，現像を済ませたレジストで覆われた基板全面に金属や絶縁物を蒸着すると，半導体が露出している部分には直接それらの物質が堆積するが，それ以外の部分は残っているレジストの上に堆積するため，基板を有機溶液などに浸漬してレジストを溶解させると，レジストの上に載った金属・絶縁物のみ取り除くことができる．これをリフトオフと呼んでいる．ここで注意しないといけないのは，蒸着膜の厚みである．これをレジストの厚みよりも十分薄くしておかないと，半導体表面に堆積した物質とレジスト上に堆積した物質がつながってしまい，リフトオフが不可能になる．もう一点重要なのが現像後のレジストの断面形状で，レジストが庇のように張り出してアンダーカットになっている方が，リフトオフしやすい．電子線描画の場合は，上述した電子線の後方散乱効果によって，レジストが自然にアンダーカット形状になる．フォトリソグラフィーでアンダーカットを得るには，予めパタンを反転させたフォトマスクを用意しておいてネガレジストを使用する方法や，レジストを多層構造にして，上層レジストで所望のパタンを定義し，下層レジストのパタンサイズが一回り大きくなるようにして実質的に大きなアンダーカットを得る方法などが用いられる．特にスパッタリング成膜の場合は，通常の真空蒸着に比べてレジストの側面にも膜が形成されリフトオフしづらくなりやすいので，これらの方法が有用である．

次に基板を部分的に削り取るエッチングであるが，これには酸・アルカリ溶液を用いるウエットエッチングと，プラズマなどのガスを用いるドライエッチングに大別できる．ウエットエッチングは，腐食性の溶液に半導体基板を直接浸すことによって，簡便に行うことができる．例えば GaAs の場合，硫酸と過酸化水素水の混合液を水で希釈したものがよく用いられる．その際，溶液の濃度，温度，浸す時間によりエッチング量が変わってくる．ウエットエッチングの場合，深さ方向だけでなく横方向にも同時にエッチングが進み，レジストと基板の界面が削られていくので，微細な構造の形成には向かない．そのため，通常のナノデバイス作製においては，ナノ構造本体ではなく，それを載せる土台である数十 μm 以上のサイズのホールバーのメサ形成に用いられることが多い．また，ウエットエッチングされたウエハの断面形状は，結晶軸の方向によって，段差部斜面と未エッチングの平坦面が鈍角となる末広がり型の順メサ形状になる場合と，逆に鋭角の逆メサ形状になる場合とがあるので，後工程で蒸着する電極などが段差部で断線しないよう注意を払う必要がある．

ドライエッチングにおいては，真空容器内にフッ素系やハロゲン系などのガスを導入し，高周波を印加することによりプラズマを発生させる．このプラズマにより生成されたイオンを半導体ウエハに反応させ，ガス状の反応生成物を真空排気系により外部に排気することによりエッチングが行われる．主に化学的なプロセスを利用するので，特に反応性イオンエッチング（RIE）とも呼ばれ，アルゴンイオンなどで物理的に半導体を削り取るイオンミリングに比べて，低損傷の加工が行えるのが特長である．また，ウエットエッチングとは異なり，深さ方向のみに異方的なエッチングが行えるため，ナノ構造の形成に適する．逆に欠点としては，装置自体が大掛かりになることと，イオンミリングほどではないにしろ，ウエットエッチングに比べるとウエハに若干損傷を与えてしまうことが挙げられる．ここでは詳しく触れないが，Si，Be，Ga といった物質のイオンを細いビーム状に絞って半導体基板に直接打ち込む集束イオンビーム（FIB）という手法もある．これを用いると，絶縁性基板を部分的に n 型や p 型伝導性にしたり，逆に伝導性基板を部分的に絶縁化したりすることができる．また，リフトオフやエッチングと異なり，基板表面が平坦に保たれるという特徴がある．さらに別の手法として，走査トンネル顕微鏡（STM）や原子間力顕微鏡（AFM）といったナノプローブを用いた原子レベルの微細加工技術も近年は著しく進展している．

ここで簡単な例として，GaAs 変調ドープ基板を用いたホールバー型電界効果トランジスタ（FET）の作製工程を示す（図 1.10）．まず，ウエットエッチングによって，二つの電流端子と四つの電圧端子を有する「キ」の字型のホールバーの外側部分を，2 次元電子ガス（2DEG）層より下まで削り落とす．通常は 1 枚の基板上に同時に多数個のデバイスが形成されるが，このウエットエッチングによりデバイス間が電気的に分離されることにもなる．次に，計 6 個の

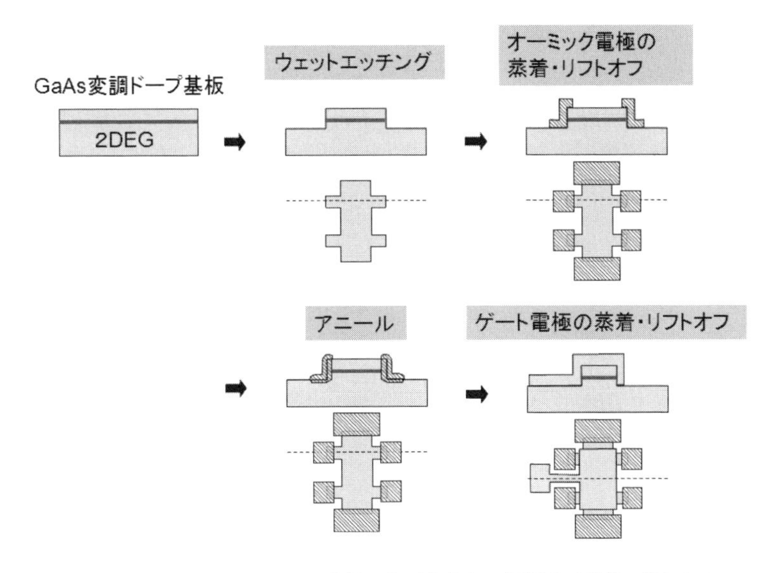

図 **1.10** ホールバー型 FET の作製工程．断面図は平面図中破線部に対応する．

電流・電圧端子にオーミックコンタクトをとるため，フォトリソグラフィーとリフトオフによって電極部に Au/Ge/Ni の合金を蒸着する．次いで，水素ガス雰囲気中で 400°C 程度で加熱（アニール）すると，Au/Ge/Ni と 2DEG の界面が合金化して接触抵抗が小さくなり，良好なオーミックコンタクトが得られる．次に，別のフォトマスクパタンを用いてホールバーの中央部に Ti と Au を蒸着しリフトオフすることによって，ゲート電極を形成する．Ti は基板に対して「濡れ」が良いので均一に付着するとともに，上に乗せる Au をはがれにくくするバインダーとしての役割も果たす．（Ti の代わりに Cr などもよく用いられる．）Ti だけでは空気中で酸化してしまうのと，蒸着レートの関係で単独で必要な膜厚を稼ぐのに時間がかかるので，蒸着装置から基板を取り出さずに金属源だけ切り替えて，引き続き Au を重ねて蒸着する．このように Ti/Au を直接 GaAs 上に蒸着して形成したゲート電極は，2DEG に対して電流電圧特性が非対称かつ高抵抗のショットキーコンタクトとなるので，これに負のバイアス電圧を印加することにより，2DEG の電子濃度を減らし，さらにはゲート直下の 2DEG を空乏化して伝導チャネルをピンチオフすることができる．以上の工程の順番を変えて，オーミック電極の高温アニールをゲートの蒸着よりも後にしてしまうと，ゲートのショットキー特性が劣化してしまう（ゲートをバイアスしたときに 2DEG に対してリーク電流が流れ込む）ので，注意が必要である．ここでは，フォトリソグラフィーによってマクロなサイズの単一ゲートを形成する例を示したが，電子線描画を用いてゲート電極を複数の微細構造にし，場合によってはエッチングも組み合わせることにより，以降で述べるような量子細線や量子ドット構造を形成することができる．

2 半導体 2 次元系の輸送現象

2.1 は じ め に

原子層のオーダーで界面が平坦で高品質なヘテロ構造が実現されるようになったことで 2 次元系の物理が大きな進歩を遂げた．半導体構造作製技術の飛躍的な進歩は集積回路に代表されるように，工学的な応用へのインパクトに目が行きがちであるが，物性物理を研究する上でも格好の舞台を提供してくれている．理想的なヘテロ構造中に実現される高品質 2 次元系はまさにこの典型例である．理論でしか扱えないようにみえる電子がきれいに 2 次元のシート状に並んだ状態が，手のひらに載る半導体の小片中で実現できるということは，まさに驚異的であり，量子ホール効果に関連する二つのノーベル物理学賞がこの素晴らしさを如実に示している．2 次元系では電子が平面上に並んで存在するため，電子などキャリア間の相互作用が顔を出す部分も多い．2 次元系はキャリア相関の実験を行う上でも理想的な舞台となっており，現在でも面白い物理の発見が続いている．

この章では高品質二次元系の輸送現象の中でも，特に特徴的な物性である強磁場中での量子ホール効果[12~14]，さらには分数量子ホール効果[13~15]の概略を理解することに重点をおく．後半では伝導電子と半導体を構成する核スピンの相互作用に基づく物理現象についても述べる．

2.2 強磁場中でのランダウ準位の形成

z 軸方向に $V(z)$ で表されるポテンシャルに閉じ込められ，xy 平面を自由に動くことができる2次元電子を考える．この2次元系に z 軸方向に磁場 B が印加されている場合，シュレーディンガー方程式を厳密に解くことができる．この系のハミルトニアンは

$$H = \frac{(\boldsymbol{p} + e\boldsymbol{A})^2}{2m^*} + V(z) \tag{2.1}$$

で書き表すことができ，ベクトルポテンシャル $\boldsymbol{A}$ としては，$\boldsymbol{A} = (-By, 0, 0)$ を選ぶことができる．e は電子の素電荷の絶対値，m^* は2次元電子の有効質量である．この場合，ハミルトニアンは z 方向と xy 方向に分離することができ，それぞれ，

$$H_z = \frac{{p_z}^2}{2m^*} + V(z) \tag{2.2}$$

$$H_{xy} = \frac{(p_x - eBy)^2 + {p_y}^2}{2m^*} \tag{2.3}$$

となる．ここで，$\boldsymbol{p} = -i\hbar\nabla$ で置き換え，さらに xy 平面内で $\chi(x, y) = e^{ik_x x}\eta(y)$ の波動関数を考えると，式(2.3)と xy 平面内でのシュレーディンガー方程式，$H_{xy}\chi(x, y) = E\chi(x, y)$ から，

$$\left[-\frac{\hbar^2}{2m^*}\frac{\partial^2}{\partial y^2} + \frac{1}{2}m^*{\omega_{\mathrm{c}}}^2\left(y - \frac{\hbar k_x}{eB}\right)^2\right]\eta(y) = E\eta(y) \tag{2.4}$$

を求めることができる．ここで，ω_{c} はサイクロトロン周波数であり，

$$\omega_{\mathrm{c}} = \frac{eB}{m*} \tag{2.5}$$

で示される．k_x に依存した $y_0 = \frac{\hbar k_x}{eB}$ を考えると，式(2.5)は $y - y_0$ のみの式となり，しかも，放物線閉じ込めの式になっていることから，固有エネルギーの値は k_x に関係なく，

$$E_n = \hbar\omega_{\mathrm{c}}\left(n + \frac{1}{2}\right) \quad (n = 0, 1, 2, \ldots) \tag{2.6}$$

となる．半古典的に考えると xy 2次元面を自由に運動する電子は z 方向に印加

された磁場 B によりサイクロトロン運動することになる．このとき，系が完全で不均一がない場合，あるいは磁場が十分に強く（サイクロトロン半径が十分に小さく），不均一なポテンシャルを形成する不純物散乱の影響を受けずにサイクロトロン運動が生じる場合，電子はサイクロトロン半径で決まる円軌道を描くことになる．量子力学では電子は波動としての性質を持つことから，1 周してきた電子は波としての特性が一致しなければならず，この要請から電子がとり得るエネルギーは特定のものに限定されることになる．これが，式 (2.6) で示されたエネルギーである．すなわち垂直磁場中での 2 次元電子系は式 (2.6) で示されたエネルギー固有値を有する準位（ランダウ準位）に分裂して存在することになる（図 2.1 (b)）．最後に各ランダウ準位に含まれる状態数を考える．ランダウ準位のエネルギー分離が $\hbar\omega_{\mathrm{c}}$ であり，図 2.1 (b) のランダウ準位の状態数はゼロ磁場の極限で図 2.1 (a) に一致しなければいけないことから，各ランダウ準位に入る状態数は，

$$D = \hbar\omega_{\mathrm{c}} \times \frac{g_{\mathrm{s}}}{2} \cdot \frac{m^*}{\pi\hbar^2} = \frac{g_{\mathrm{s}}eB}{h} \tag{2.7}$$

となる．スピンが縮退している場合には図 2.1 (b) に示したように $2eB/h$ となる．ランダウ準位の特徴として，垂直磁場 B に比例してランダウ準位のエネル

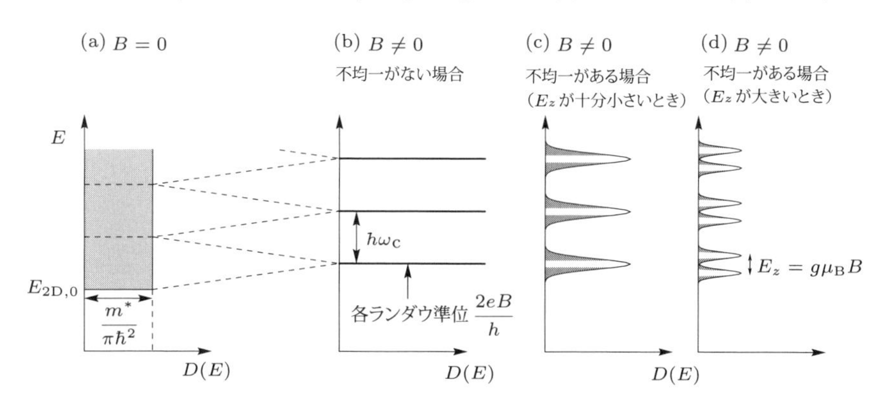

図 2.1 (a) 2 次元系のゼロ磁場での状態密度．2 次元系の特徴としてエネルギーに関係なく一定の状態密度を持つ．(b) 2 次元系に強い垂直磁場を加えたときの状態密度．状態密度はランダウ準位に分裂する．(c) 系に不均一がある場合の強磁場中での状態密度．ランダウ準位に広がりが生じ，中心部に非局在状態，その周辺に局在状態が生じる．(d) 強磁場中でゼーマン分離が大きい場合の状態密度．

ギー間隔が広がり，各ランダウ準位に含まれる状態数は B に比例して増大することがわかる．

2.3　整数量子ホール効果

2 次元系の伝導特性を低温，強磁場で測定するとランダウ準位の形成に対応してユニークな特性が出現する．これが量子ホール効果である．単一電子の量子効果であるランダウ準位で説明できる量子ホール効果を整数量子ホール効果と呼ぶ．図 2.2 に整数量子ホール効果の一例を示す．整数量子ホール効果を観測するためには，ランダウ準位が形成される程度に強磁場，高移動度であり，かつ測定温度がランダウ準位のエネルギー分離 $\hbar\omega_c$ に比べて十分小さい必要がある．しかし，移動度が極めて高い 2 次元系を mK オーダーの極低温で測定すると分数量子ホール効果（2.5 節参照）の出現で特性が複雑になる．したがって，分数量子ホール効果の影響を受けない整数量子ホール効果は，高移動度 GaAs 2 次元系を 1 K 以上の温度で測定した場合や移動度が GaAs よりは小さい InAs, InSb, Si の 2 次元系を低温，強磁場で測定した場合に観測される．図 2.2 の典型的な整数量子ホール効果は $Al_xIn_{1-x}Sb/InSb/Al_xIn_{1-x}Sb$ 2 次元系試料を 2 K で測定したものである．磁場が十分小さい領域では古典的なホール効果が

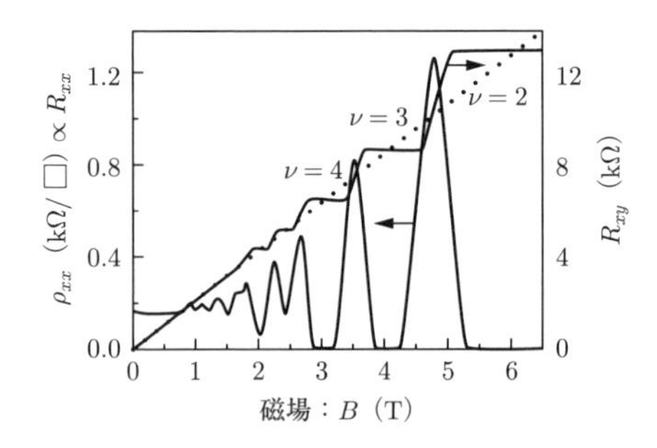

図 2.2　2 次元系で観測された整数量子ホール効果の一例．このデータは InSb 2 次元系で観測されたものであり，測定温度は 2 K である．$B > 3T$ でゼーマン分離が明確になり，充填率（ν）が奇数の整数量子ホール効果が出現している．なお，点線はゼロ磁場近傍での古典的なホール効果の延長である．2 次元系の抵抗率を kΩ/ □（Ω/ □）の単位で示すこともある．

生じ，R_{xx} はほぼ一定になり，R_{xy} は

$$R_{xy} = \frac{B}{en_{2\mathrm{D}}} \tag{2.8}$$

に従い変化する．なお，R_{xy} の符号は磁場の向きにより反転し，電流を運ぶキャリアが電子か正孔かによっても反転する．さらに磁場を強くするとランダウ準位の形成を反映して R_{xx} が磁場の関数として振動する．実際の 2 次元系では不純物などによるポテンシャルの不均一によりランダウ準位は図 2.1(c) のように一定の広がりを持つ．この広がりよりも $\hbar\omega_{\mathrm{c}}$ が大きくなると明瞭な整数量子ホール効果が出現する．2 次元系で電子密度が一定の場合，磁場により $\hbar\omega_{\mathrm{c}}$ が増大することで，ランダウ準位のどこにフェルミ準位 E_{F} が位置するかが変化する．E_{F} がランダウ準位の周辺の局在状態（図 2.1(c)(d) で網かけで表示した領域）に位置する場合は R_{xx} は 0 になり，R_{xy} は

$$R_{xy} = \frac{h}{e^2 j} \quad (j = 1, 2, \ldots) \tag{2.9}$$

で量子化する．ここで j は E_{F} より下に中心があるランダウ準位の数であり，整数となる．スピン縮退が解けていない場合は j は偶数となる．さらに磁場を強くしていくと

$$E_z = g\mu_{\mathrm{B}} B \tag{2.10}$$

で決まるスピン分離（ゼーマン分離）が十分に大きくなり，奇数の j に対応した整数量子ホール効果が出現する．ここで，g は 2 次元電子系の g 因子，μ_{B} はボーア磁子である．整数量子ホール効果は 1981 年に SiO_2/Si 界面の 2 次元電子ガスを用い von Klitzing らにより発見され[16)]（von Klitzing はこの功績で 1985 年に「量子ホール効果の発見と物理定数の測定技術の開発」のタイトルでノーベル物理学賞を受賞している），それ以降様々な研究がなされている．R_{xy} がひとたび量子化された場合，その値は使用する材料や測定条件によらず正確に (2.9) 式で与えられる値になることが大きな特徴である．その正確さから抵抗標準に用いられており，$j = 1$ に対応する $R_{xy} = 25.812807449(86)$ kΩ はフォン・クリッツィング定数と呼ばれている．なお，2 次元正孔系に対しても同様に量子ホール効果は観測されるがこの場合伝導に寄与するキャリアが正の電荷を持っていることに対応して R_{xy} の符号が反転する．

2.4 エッジチャネルとランダウアー・ビュティカーの式

理想的な整数量子ホール効果では R_{xx} が0になり，R_{xy} が式 (2.9) の量子化された値になることをエッジチャネルとランダウアー・ビュティカーの考え方[17] から示すことにする．ここではわかりやすくするために電荷の符号が正になる2次元正孔系の量子ホール効果を考える．磁場中での正孔の運動を考えると，向きは反対になるが電子と同様にサイクロトロン運動する．このとき，試料の中央ではサイクロトロン運動は閉じて円運動するが試料の端では図2.3(a) にあるようにエッジに沿って走る正孔が存在することがわかる．これがエッジに沿って電荷を運ぶチャネル，エッジチャネルである．試料端のエッジチャネルは磁場の向きとキャリアの電荷に対応して特定の方向に進むことがわかる．磁場が小さいときや不純物による散乱が大きいときは左右のエッジチャネルの間に散乱が生じ，左端を上向きに走る正孔が右端を下向きに走るチャネルに散乱される確率が存在する．一方，磁場を強くしていった極限では，このように反対側のエッジチャネルに散乱される確率は0になる．逆に言えば，このような状況ではエッジチャネルに入った正孔は戻ることなく確実にエッジに沿って伝わることになる．ランダウアー・ビュティカーは反射のない理想的なチャネルはチャネルひとつあたり $e\mu/h$ (μ：化学ポテンシャル) の電流を運ぶと考えた．

ここで，試料内にランダウ準位が形成されているときにエッジに存在するチャネルの数を考えてみよう．ランダウ準位のエネルギー間隔は磁場に比例して変化するが，ここでは例えばフェルミ準位 (E_F) より下に2個ある場合，すなわち充填率が2である場合を考える．試料端では正孔は空乏化することからポテンシャルが上がる．この場合，ランダウ準位もこれに対応して図2.3(b) のように変化することがわかる．低温ではエネルギーが E_F の正孔のみが動くことができるので，ランダウ準位と E_F の交点 (図2.3(b) の黒丸) にチャネルができることになる．これがエッジチャネルに相当する．充填率2の場合，エッジチャネルは試料端に2本存在する．したがって，この場合には，エッジチャネルの様子は図2.3(c) に示したようになる．実際の試料にはポテンシャルの揺らぎがあり (c) に示したように試料内部にもループができるが，これがエッジチャネ

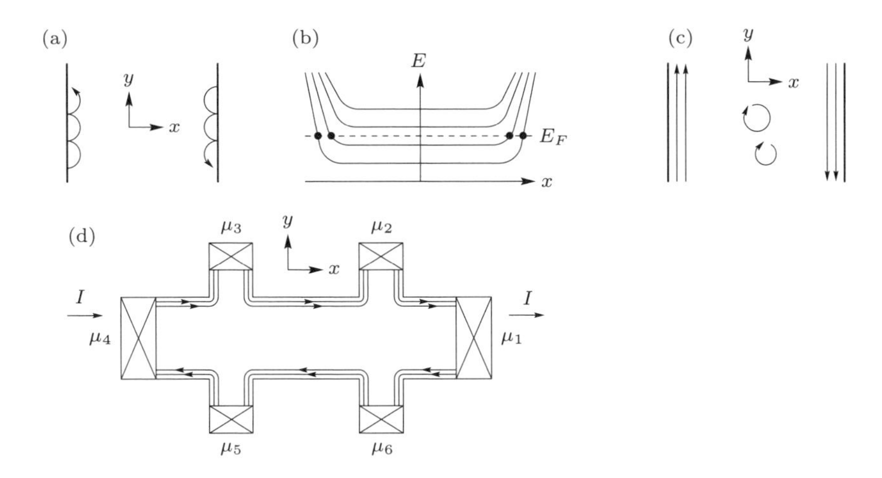

図 2.3 (a) エッジに沿って電荷を運ぶチャネル，エッジチャネル．(b) 試料内にランダウ準位が形成されているときの試料内でのランダウ準位エネルギーの変化．試料端ではキャリアが空乏化することからポテンシャルが上がる．(c) 不均一が存在する実際の試料におけるエッジチャネルの様子．(d) 六つのオーミックコンタクトを有するホールバー構造におけるエッジチャネルの様子，なお，(b)〜(d) では充填率が 2 であることを想定している．

ルから離れている場合には輸送特性はエッジチャネルに支配される．

実際に実験に使われるホールバーを考えると，エッジチャネルは図 2.3(d) のように描くことができる．ここでは充填率 2 の場合を示しているが，充填率 N の場合にエッジチャネルは N 個になる．ランダウアー・ビュティカーの考え方を用い，六つのオーミックコンタクトが理想的なコンタクト（ポテンシャル μ に対応した電流をチャネルに完璧に供給し，チャネルを伝わってきたキャリアを反射することなく完全に取り込むことができるコンタクト）である場合を考える．このとき，例えば 1 番目のコンタクトについては，ここから出るチャネルの数は N 個で，コンタクトのポテンシャルは μ_1 であるから，このコンタクトから出る全電流は $eN\mu_1/h$ となる．一方，コンタクト 1 に入るチャネルはコンタクト 2 からやはり N 本きており，これらの計算（簡単な算数）を各コンタクトに対して行い，各コンタクトから流れ込む電流を I_i $(i = 1, \ldots, 6)$ とすると，I_i は

$$
\begin{aligned}
I_1 &= \frac{e}{h}N\mu_1 - \frac{e}{h}N\mu_2 \\
I_2 &= \frac{e}{h}N\mu_2 - \frac{e}{h}N\mu_3 \\
&\vdots \\
I_6 &= -\frac{e}{h}N\mu_6 - \frac{e}{h}N\mu_1
\end{aligned}
\tag{2.11}
$$

で表すことができる．電圧端子からの電流の出入りはないので，

$$
I_2 = I_3 = I_5 = I_6 = 0 \tag{2.12}
$$

であり，これから直ちに，

$$
\mu_2 = \mu_3 = \mu_4, \quad \mu_5 = \mu_6 = \mu_1 \tag{2.13}
$$

が求まる．一方で電流 I がコンタクト 4 から入り，コンタクト 1 に抜ける場合，

$$
I_1 = -I, \quad I_4 = I \tag{2.14}
$$

であり，これからコンタクト 4 と 1 の間の電圧 V と電流 I の関係として，

$$
I = \frac{e}{h}N(\mu_4 - \mu_1) = \frac{e}{h}N(eV) = \frac{e^2}{h}NV \tag{2.15}
$$

が求まる．以上の結果を用いると R_{xx}，R_{xy} はそれぞれ，

$$
R_{xx} = \frac{\mu_5 - \mu_6}{eI} = 0 \tag{2.16}
$$

$$
R_{xy} = \frac{\mu_2 - \mu_6}{eI} = \frac{\mu_4 - \mu_1}{eI} = \frac{h}{e^2N} \tag{2.17}
$$

となり，整数量子ホール効果の特性が説明できる．なお，R_{xx}，R_{xy} を測定するコンタクトを入れ替えても同じ値になることも明らかである．理想的な系では R_{xy} が N が変化する度にジャンプすることになるが，実際の試料には不均一性があるので，N が変化する近傍では試料端のエッジチャネル間で散乱が生じ，その結果，有限な R_{xx} が発生し，R_{xy} は徐々に変化することになる．また，式 (2.15) の結果は $R_{xx} = 0$ であってもコンタクト 1 と 4 の間の 2 端子抵抗は有限であり，R_{xy} と同じ値になることを示している．これは，チャネルにキャリアを注入する電圧が必要になることに対応しており，実際の系でも測定

されている．最後に，これまでの議論からわかるようにエッジチャネルに対する議論はエッジの形状に関係なく成立する．これが整数量子ホール効果が試料に関係なく幅広く測定される理由であり，ある意味でトポロジカルに守られていると言うことができる．なお，2 次元電子系を取り扱う場合は電子の電荷が負であるため，符号に注意する必要があるが，全く同じ議論ができる．

2.5　分数量子ホール効果

移動度の大きな 2 次元電子系のホール特性を極低温，強磁場で測定すると，図 2.4(a) に示したように多彩な量子ホール効果が観測される．$R_{xx} = 0, R_{xy} = \frac{h}{e^2 p}$ となる量子ホール効果が p が整数以外にいろいろな分数で測定される．この，量子ホール効果を整数量子ホール効果と区別して分数量子ホール効果と呼ぶ．1982 年に Tsui らにより 1/3，2/3 に異常な振る舞いが観測されて[18] 以来，電子系の移動度の改善，測定温度の低温化に合わせて次々と高次の分数量子ホール効果が観測されてきた．整数量子ホール効果が単電子（単正孔）の磁場中での振る舞いから導き出せるのに対し，分数量子ホール効果はキャリア間の相互作用に基づくものであり，そこから多彩な物理が発展したことから，1998 年に D. C. Tsui，H. L. Störmer，R. B. Laughlin らは K. von Klitzing とは独立に「分数電荷の励起が存在する量子液体の新しい状態の発見」の功績でノーベル物理学賞を受賞している．

奇数分母に対して生じる分数量子ホール効果がどのように整理できるかを明確にしたのが Jain らにより提案された複合フェルミオン描像である[19]．これは，分数量子ホール効果の R_{xx} の測定データを見ると，図 2.4(b) に示したように $\nu = 1/2$ の周りの R_{xx} の変化が $B = 0$ 付近の R_{xx} の変化に類似していることから発想された．すでに議論してきたように B が強磁場の領域で出現する整数量子ホール効果は 2 次元電子系の場合，電子に対するランダウ準位の形成として説明される．ここで，電子に磁束が 2 個付着したフェルミオン粒子（複合フェルミオン）を仮想すると，$\nu = 1/2$ の状態はこの複合フェルミオンのゼロ磁場状態と考えることができる．ここで，$\nu = 1/2$ の両側の R_{xx} の振動を複合フェルミオンのランダウ準位形成による整数量子ホール効果と考えると，図

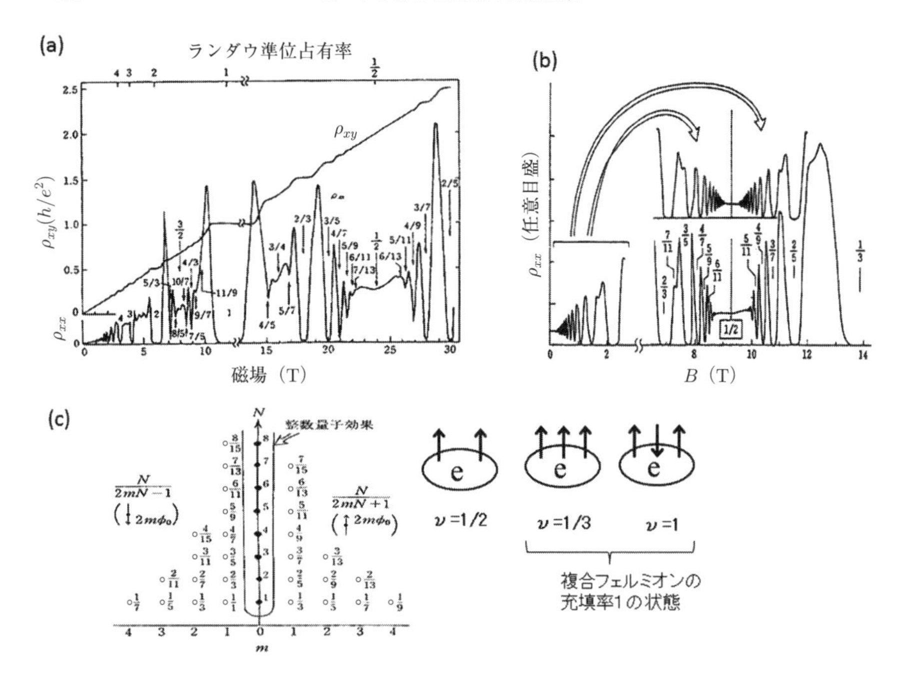

図 2.4 (a) 高移動度の GaAs 2 次元系を極低温で測定したときに観測される分数量子ホール効果の一例．高磁場側の縦軸は見やすくするために 2.5 分の 1 にしている．（もともとのデータは文献[20] による．） (b) ゼロ磁場付近の ρ_{xx} の縦軸を拡大したものを $\nu = 1/2$ の両側に貼り付けると，分数量子ホール効果とそっくりになることがわかる．(c) 複合フェルミオンの整数量子ホール効果として説明される分数状態．$2m$ が電子に付着する磁束の数であり，N がその複合フェルミオンの整数充填率である．右側の図は $m = 1$，$N = 1$ の状態をわかりやすく示したもので，$m = 1$ の複合フェルミオンに，付着している磁束と同じ方向に追加の磁束が加わると全体で $\nu = 1/3$ となり，追加の磁束が逆方向に加わると打ち消し合って全体として $\nu = 1$ となる．（文献[12] より転載.）

2.4(c) 右側に示したように複合フェルミオンに付着している磁束と外部磁場が同じ方向に働いた複合フェルミオンの充填率 1 は全体の $\nu = 1/3$ に，外部磁場が反対方向に働いた複合フェルミオンの充填率 1 は全体の $\nu = 1$ に対応することがわかる．同じように複合フェルミオンの充填率 2 の整数量子ホール効果を考えると，これは図 2.4(c) から明らかなように $\nu = 2/5$ ならびに $\nu = 2/3$ に対応する．このように考えていくと，電子に付着した磁束の数が $2m$ の複合フェルミオン（フェルミオンの条件から付着する磁束の数は偶数）の充填率 N の整

数量子ホール効果として導き出せる分数量子ホール効果の充填率は

$$p = \frac{N}{2mN \pm 1} \tag{2.18}$$

であることがわかる（図 2.4(c) 参照）．ここで，図 2.4(b) に示した充填率 1/2 の両側の分数量子ホール状態は $m = 1$ の複合フェルミオンに対応している．電子に対する整数ホール効果同様に N が大きくなるにつれ測定されにくくなり，その測定には強い磁場あるいは高い移動度が必要になる点もうまく説明される．$2m$ が偶数であれば複合粒子はフェルミオンであるから $m = 2$ の周りにも同様の量子ホール効果が出現する．例えば $\nu = 1/5$ の分数量子ホール効果は $m = 2$ の複合フェルミオンの充填率 1 の整数量子ホール効果と考えることができる．このように，複合フェルミオン描像は，測定された奇数分母の分数量子ホール効果を見事に説明することができる．

ところで，この複合フェルミオン描像のどこに，分数量子ホール効果がキャリア間の相互作用に由来することが含意されているのであろうか．単純に考えると整数量子ホール効果は単一キャリアの量子状態に基づくものであるから，相互作用は入ってこないようにみえる．本当にそうであろうか？ 分数量子ホール効果の実験を考えると，外から加えられた磁場による磁束は磁場が均一に印加されていることから明らかなように，面内に一様に分布している．この状況が保たれつつ，上記で議論した複合フェルミオン描像が成立するためには，複合フェルミオンが動き回る状況でもそれぞれの複合フェルミオンは常にちょうど良い間隔を維持していることを暗に仮定する必要があり，実はクーロン相互作用が強く働いていることが前提となっていることがわかる．なお，最近になって，非常に移動度が高い GaAs 2 次元電子系の極低温での実験において，偶数分母の分数量子ホール効果が発見されている．典型的な例が $\nu = 5/2$ である．これらの分数量子ホール効果は複合フェルミオン描像で説明される一連の分数量子ホール効果とは異なり，物理的に新しい分数量子ホール効果であることがわかってきている．

2.6 量子ホール強磁性とドメイン構造

$g = 0$ のときに $\nu = 1$ の整数量子ホール効果はどうなるのか？ この疑問に答えたのが実際に g 因子を変えた実験である．GaAs 量子井戸においては g 因子は量子井戸の幅により変化する．これは GaAs が $g = -0.44$ であるのに対し，$Al_{0.35}Ga_{0.65}As$ では g 因子が $g = 0.5$ とプラスになるからである．AlGaAs/GaAs/AlGaAs 構造では，GaAs 量子井戸の幅を狭くしていくにつれ，電子の波動関数の AlGaAs バリアへの染みだしが大きくなり，g 因子は0に近づき，最終的には正になる．また，静水圧を印加することによっても g 因子は正の方向に変化する．GaAs の場合約 18 kbar の静水圧の印加で g 因子は0を横切る．したがって，両者を組み合わせるとより効果的に g 因子を変化させることができる．Maude ら[21] は幅 6.8 nm の GaAs 量子井戸構造に閉じ込められた2次元系に静水圧を加えることで，4.85 kbar で $g = 0$ を実現した．このときに得られた量子ホール効果が図2.5である．実験結果は $g = 0$ でも $\nu = 1$ の量子ホール効果が出現することを示している．これは，スピンが揃うことで，フント則により電子同士が近づかなくなるために，クーロンエネルギーを得する

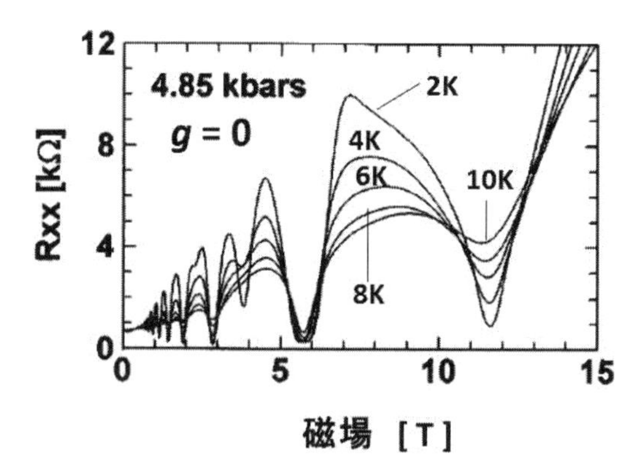

図 2.5 GaAs 2次元系に静水圧を加えて $g = 0$ を実現したときに測定された整数量子ホール効果．低温で $\nu = 1$ に対応する R_{xx} の谷が 11.5 T 付近に明瞭に観測され，$\nu = 1$ の量子ホール効果が出現していることがわかる．（データは文献[21] による．）

ことに由来する．この電子間に働く交換相互作用のために，たとえ $g = 0$ でもスピンが揃い量子ホール強磁性状態が生じる．特に，ゼーマンエネルギーよりもクーロンエネルギーが大きい GaAs ではこの要因は大変重要になる．実際に通常観測される $\nu = 1$ の量子ホール効果においても，その活性化エネルギーを測定するとゼーマンエネルギーで予想される値より大きく，$\nu = 1$ の特性を理解するには量子ホール強磁性の視点が重要になることがわかる．

同様の量子ホール強磁性状態は異なるスピン状態のランダウ準位が交差する交差点においても確認することができる．このような例は，整数量子ホール効果で試料を傾け平行磁場を印加した場合や分数量子ホール効果状態で出現する．図 2.6 は試料を傾斜した場合のランダウ準位の変化である．

$$\hbar\omega_{\mathrm{c}} = \frac{\hbar e B_{\perp}}{m^*} = \frac{\hbar e}{m^*} B_{\mathrm{t}} \cos\theta, \quad E_z = g\mu_{\mathrm{B}} B_{\mathrm{t}} \tag{2.19}$$

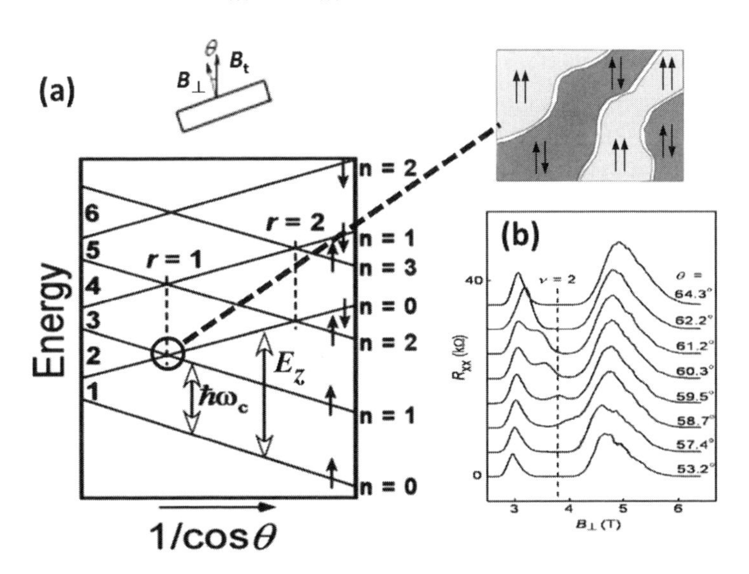

図 2.6 (a) 垂直磁場成分を一定に保ったまま試料を傾斜（上側の挿入図参照）したときのランダウ準位エネルギーの変化．ランダウ準位の交差点では量子ホール強磁性状態が実現され，異なるスピン状態のドメインが形成される．(b) 異なる傾斜角で InSb 2 次元系で測定された R_{xx} の垂直磁場成分依存性．ランダウ準位が交差するところで，$\nu = 2$ の $R_{xx} = 0$ の部分に抵抗スパイクが観測され，量子ホール強磁性状態が実現されていることがわかる．なお，測定温度は約 100 mK である．（データは文献[22] による．）

に記したように，ランダウ準位のエネルギー分離は2次元面に垂直な磁場 $B_\perp$ で決まるのに対し，ゼーマンエネルギー分離は全磁場 B_t で決まるため，磁場中で試料を傾斜するとランダウ準位の交差が生じる．図2.6(a) では，わかりやすいように，磁場 $B_\perp$ を一定に保ったまま傾斜角度 θ を変えたときのランダウ準位の変化が図示されている．GaAs 2次元系では g 因子の絶対値が -0.44 と小さいため，通常の実験室でこの交差を実現することは難しい．しかし，g 因子の大きさが40を超える InSb 2次元系ではこの交差を10 T 以下の B_t で実現することができる．図2.6(b) は InSb 2次元系に対して，様々な角度 θ で B_t を変化させて測定した R_{xx} の特性である．充填率と対応させるために $B_\perp$ の関数としてプロットしている．充填率2に対応したランダウ準位の交差（図2.6(a) の丸囲み）が確認され，交差に対応して充填率2の $R_{xx}\sim 0$ の領域に $R_{xx}>0$ の R_{xx} スパイクが生じることがわかる[22)]．ランダウ準位の交差により充填率2の量子ホール効果が単に消えるのではなく，R_{xx} のスパイクが生じるのが量子ホール強磁性が実現している実験的証拠であり，交差点では，それぞれのスピン状態（この場合は $\uparrow\downarrow$ のスピン状態と $\uparrow\uparrow$ のスピン状態）がドメイン構造を形成していると考えられている．

同様のランダウ準位交差による量子ホール強磁性は分数量子ホール効果領域でも測定されている．一番良い例が $\nu = 2/3$ における量子ホール強磁性とドメイン構造の形成である．複合フェルミオン描像を用いると，2/3は複合フェルミオンの充填率2に相当する．このとき，複合フェルミオンのランダウ準位の概略を図示すると図2.7(a) のようになる．複合フェルミオンのそれぞれのランダウ準位は磁場に比例したゼーマン分離を示し，低い方のエネルギーをとるのが $\uparrow$ スピンとすると，基底ランダウ準位の $\uparrow$ スピンのエネルギーから測定した基底ランダウ準位の $\downarrow$ スピンのエネルギーは図2.7(a) の破線のように磁場とともに線形に増大する．一方，複合フェルミオンのランダウエネルギーの分離を考えると，これは，

$$\hbar{\omega_\mathrm{c}}^{\mathrm{CF}} = \frac{\hbar e B}{m^*_{\mathrm{CF}}} \propto \sqrt{B} \tag{2.20}$$

のように表される．単電子の有効質量が磁場に依存しないのに対し，複合フェルミオンの有効質量は電子間の相互作用の影響を受け，$\sqrt{B}$ にほぼ比例して変化

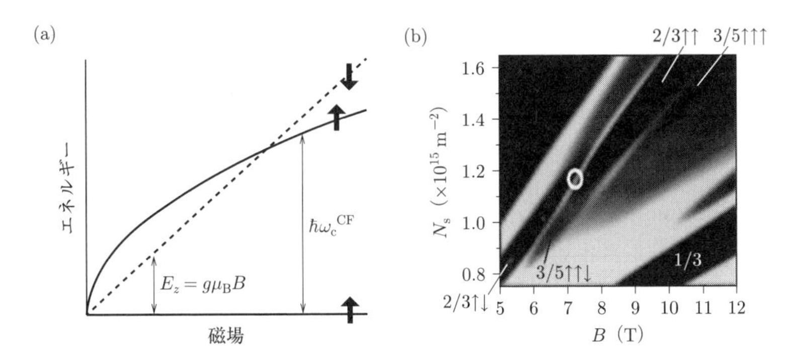

図 **2.7** (a) 複合フェルミオンのランダウ準位の概略図．複合フェルミオンの充填率 2 に相当する $\nu = 2/3$ では，スピン状態が，弱磁場におけるスピン非偏極状態から強磁場におけるスピン偏極状態に転移する．(b) 約 70 mK で高移動度 GaAs 量子井戸構造で測定された $\nu = 2/3$ 近傍の分数量子ホール効果．横軸磁場 B，縦軸電子密度 N_s に対して，R_{xx} をグレープロットしている．濃い黒の部分が R_{xx} が 0 に近い部分である．白丸で示したように鋭い $R_{xx} \neq 0$ のピークが異なるスピン状態の交差点で明瞭に観察されている．同様の交差点は $\nu = 3/5$ にもみられる．

する特徴を持つ．この結果，2 番目のランダウ準位の ↑ スピン状態は，図 2.7(a) に示したように $\sqrt{B}$ に比例して増大する．磁場に比例するカーブと $\sqrt{B}$ に比例するカーブは必ず交差することから，充填率 2/3 の基底状態は弱磁場における ↑↓ スピンが占有するスピン非偏極状態から，強磁場において ↑↑ スピンが占有するスピン偏極状態に変化することがわかる．複合フェルミオンの有効質量が磁場に依存することを反映して，この交差は整数量子ホール効果の交差と異なり，垂直磁場中で生じる特徴がある．実際にこのような交差が $\nu = 2/3$ で生じていることは実験的にも明瞭に確認されている．磁場と電子密度を変化させて R_{xx} を測定した図 2.7(b) の例では，$\nu = 2/3$ に対応する $R_{xx} = 0$ の領域に $R_{xx} \neq 0$ のラインが表れており（図中で白丸を付けたライン），このラインを境にスピン非偏極 2/3 から偏極 2/3 に変わったことがわかる．それぞれのスピン状態は，交換相互作用のエネルギーを減少させるためにスピン状態を揃えようとするため，量子ホール強磁性が実現し，交差点では鋭い R_{xx} のスパイクが生じている．この交差点でも，傾斜磁場中での $\nu = 2$ の交差点同様に，異なるスピン状態のドメイン構造が形成されていることがわかる．なお，複合フェルミオンの異なるスピン状態の交差は，複合フェルミオンの充填率 2 に相当する

$\nu = 2/3$ がもっとも単純な例であるが，他の分数でも生じるものであり，実際に図 2.7(b) では $\nu = 3/5$ においても同様の交差が生じていることが確認できる．

2.7 電子スピン系と核スピン系の相互作用

電子スピン系と核スピン系の相互作用は超微細相互作用として核磁気共鳴（NMR）信号に微細な変化をもたらすことが知られている．そのハミルトニアンは

$$H_{\mathrm{HF}} = A_{\mathrm{HF}} \boldsymbol{I} \cdot \boldsymbol{S} \tag{2.21}$$

で表される．この式は電子スピンの影響で核スピンの感じるゼーマン磁場が変化し，核磁気共鳴周波数のシフト（ナイトシフト）が生じること，その逆に，核スピンにより電子系が感じるゼーマン磁場が変化することを示している．超微細相互作用と呼ぶように，この効果は通常の半導体デバイスや物性においては無視できるものであるが，前節で議論した異なる量子ホール状態の交差点などでは明瞭な影響が出現する．NMR は化学的に広く用いられている高感度な測定であるが，通常の NMR を行うには大きな容量の試料が必要であり，半導体ヘテロ構造やナノ構造には馴染まないと思われてきた．しかし，超微細相互作用が量子ホール状態に与える影響をうまく使うと，単一のヘテロ構造（ナノ構造）で抵抗により検出される NMR が可能になり，電子スピン状態の物理の解明などに役立てられている．

前節で議論した $\nu = 2/3$ における異なるスピン状態の交差点で出現する R_{xx} のスパイクを図 2.8 に示す．GaAs の量子井戸は ^{69}Ga（60%），^{71}Ga（40%），^{75}As（100%）からなるが（括弧内は自然界での存在比率），40 mK のような低温では核スピンのゼーマン分離とボルツマン分布の影響で核スピンが全量の 10%程度偏極する．一方，300 mK ではこの偏極量はほとんど 0 となる．核スピン偏極により電子が感じるゼーマン分離が変化すると図 2.7 に示したゼーマン分離の直線がシフトし，わずかではあるが異なるスピン状態の交差点が変化する．図 2.8 の測定は一定磁場で電子密度をゲート制御して充填率を変えることにより行われているが，この測定でも核スピンが作るゼーマン磁場の変化に

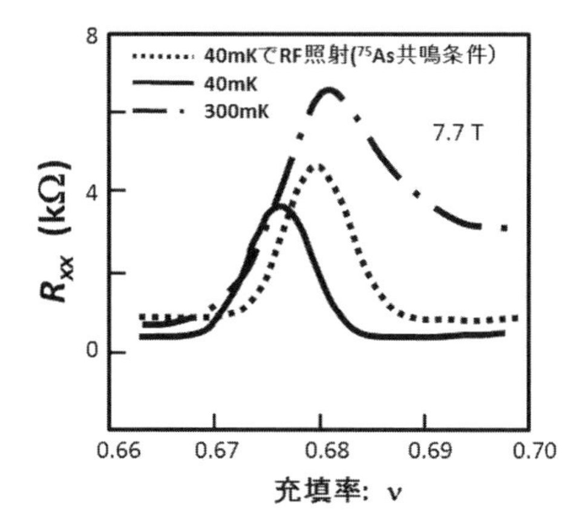

図 2.8 GaAs 量子井戸で観測された $\nu = 2/3$ における異なるスピン状態の交差点に出現する R_{xx} のスパイク．実線，一点鎖線，点線はそれぞれ 40 mK，300 mK ならびに 40 mK で ^{75}As に共鳴する交流平行磁場を印加したときの R_{xx} スパイクである．スパイクの位置が核スピン偏極に対応して敏感に変化することがわかる．

よりスパイクの位置が変化することが期待される．実際に 40 mK と 300 mK ではスパイクの位置がずれている．さらに，40 mK で ^{75}As に共鳴する振動磁場（量子井戸に水平方向に加えられる微小な振動磁場）を加え核スピンの偏極を壊すと，確かに 300 mK 側にスパイクがシフトし，スパイクの位置が核スピンの偏極情報を捕まえていることがわかる．同様の核スピン偏極は円偏光した光照射で電子スピンを偏極し，それを核スピンに転写した場合にも得られている．

もう一つの面白い現象は $\nu = 2/3$ の異なるスピン状態が共存するスパイクのところで大きな電流を流すと，スパイクの幅と振幅が大きくなることである．このスパイクにおける抵抗の増大も NMR 信号から核スピンに由来することが確認されている．スパイクが存在する状況では異なるスピン状態がドメイン構造を作るため，そこで大きな電流を流すことにより，ドメイン間で電子が移動する．その際に，電子スピンと核スピンの間にフリップ・フロップ・プロセスが生じ，核スピンが偏極する．ドメイン構造を反映して核スピンは空間的に不均一に偏極し，これが R_{xx} スパイクの抵抗値の増大に結びついていると考えられるが，詳細はまだ明らかになっていない．原理的に不明な点はあるが，この抵抗増大が核スピンに関連していることは間違いなく，この抵抗増大を用いることで感度良く抵抗検出 NMR 測定を行うことができる．図 2.9 はこの原理を利用した NMR スペクトルの測定例である．この測定では，まず最初に $\nu = 2/3$ の異なるスピン状態の交差点を実現し，そこで電流を流して核スピンを偏極させている．次に，ゲートで NMR 測定を行いたい充填率にセットし，そこで，例えば ^{75}As に対応した共鳴周波数近傍の振動磁場を加える．最後に初めの状態に戻し核スピンの偏極度を測定する．振動磁場で核スピンの緩和が起こるとスパイクにおける R_{xx} の値が変化することから，NMR スペクトルが求められる．大切なことは，核スピンの偏極と偏極度の抵抗測定には $\nu = 2/3$ の異なるスピン状態の交差点という特殊な状態が必要になるが，ゲート制御を用いることで，NMR スペクトル自体は任意の状態に関して測定が可能になる点である．図 2.9 の右下の図は振動磁場印加時も $\nu = 2/3$ の異なるスピン状態の交差

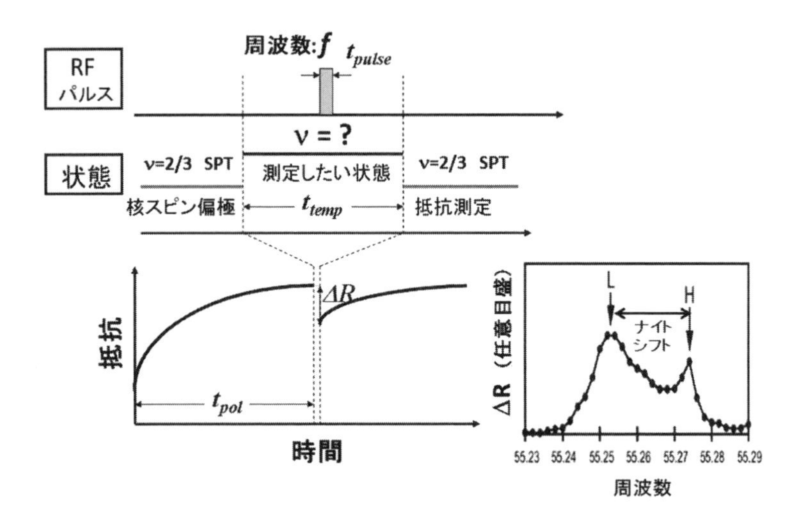

図 2.9 抵抗検出 NMR の測定例．最初に，$\nu = 2/3$ の異なるスピン状態の交差（spin phase transition; SPT）を実現し，そこで電流を流すことで核スピンを偏極する．次に，ゲートで NMR 測定を行いたい充填率にセットし，そこで，例えば周波数 f の振動磁場を加える．最後に，初めの $\nu = 2/3$ SPT 状態に戻し，抵抗測定を行うことで，核スピンの偏極度の変化を測定する．振動磁場で核スピンの緩和が起こると，スパイクにおける R_{xx} の値が変化することから，$\Delta R_{xx} = \Delta R$ が生じる．右下は振動磁場印加時も $\nu = 2/3$ SPT 点に保ったときに得られた NMR スペクトルである．H は空乏化したときと同じ，すなわち電子スピン非偏極状態に対応する共鳴周波数であるが，ナイトシフトした L にもピークが観測されている．

点（すなわち核スピン偏極や偏極度の測定に用いたのと同じ状態）に保ったときに得られたNMRスペクトルである．ナイトシフトに対応した二つのピークが見えており，$\nu = 2/3$ の異なるスピン状態の交差点では，スピン偏極と非偏極の電子状態が確かに共存していることが確認される．同様の測定を2次元系の広い充填率範囲に適応する測定も行われている[23]．この測定から，最低ランダウ準位に対応する $0 < \nu < 2$ では分数量子ホール状態を反映して電子スピン偏極度に複雑な充填率依存性が出現するのに対し，高次のランダウ準位が埋まる $\nu > 2$ では，$\nu = 5/2$ などの特殊な分数状態も含めて単電子モデルで予想されるスピン偏極状態にあることが確認されている．

最後に整数量子ホール効果で，傾斜磁場下でランダウ準位を交差させた場合にも同様の核スピン偏極とそれを利用した抵抗検出NMRが実現できることを示す．図2.10はInSb量子井戸を用い，傾斜磁場下で出現する $\nu = 2$ の異なるスピン状態の交差点で電流を流して核スピンを偏極しながら測定したNMRスペクトルである[22]．この試料の場合，歪があるために，$I = 9/2$ の ^{115}In 核スピンの特徴を反映した九つに分裂するNMRスペクトルが観測されており，InSb系で $\nu = 2$ を用いても抵抗検出NMRが可能であることを示している．

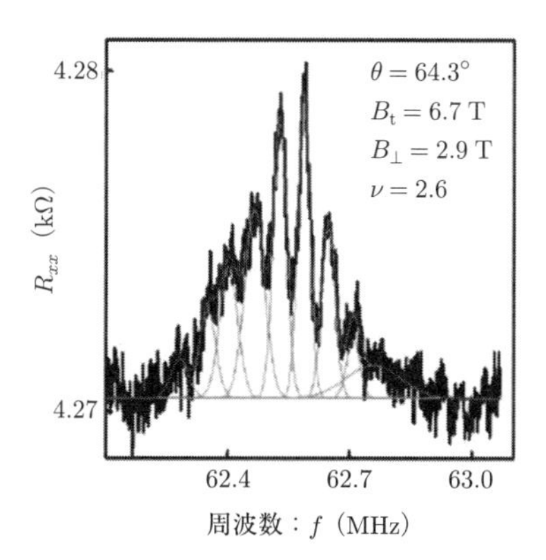

図 2.10 InSb量子井戸を用い，傾斜磁場下で出現する $\nu = 2$ の異なるスピン状態の交差点で電流を流し，核スピンを偏極しながら周波数 f の交流並行磁場を掃引したときに得られた ^{115}In の抵抗検出NMRスペクトル．傾斜磁場の詳細は，全磁場 $B_t = 6.7$ T，傾斜角度 $\theta = 64.3°$，垂直磁場 $B_\perp = 2.9$ T であり，測定では R_{xx} のスパイクの裾野（$\nu = 2.6$）で電流を流すことで核スピンの偏極と核スピン偏極度の抵抗測定を実現している．（データは文献[22]による．）

3 1次元バリスティックチャネルの量子輸送現象

3.1 は じ め に

2次元から次元を小さくしていくと当然1次元，0次元となる．2次元系では，前の章で議論したように，量子ホール効果を中心とした華々しい物性研究が活発に行われており，0次元は電子1個，すなわち単電子を制御する舞台として，第4章で議論するように多くの研究が行われている．1次元系はこの中間に位置しており，ちょっと地味な印象がある．しかし，半導体2次元系の上に二つの対向する微細電極を配置して，その電極に負の電圧を印加することでその下の2次元系を空乏化して，結果的に微細な電極間にキャリアを運ぶ狭いチャネルを残した1次元構造（細線構造）は様々な半導体量子デバイスの基本構造である．このことは，これから出てくる章で登場する単電子を扱うようなデバイスの多くが，この構造を組み合わせる形で，半導体2次元系からスタートして所望のデバイス形状を実現していることからも明らかである．しかし，この1次元チャネルは基本的で単純な構造であるにもかかわらず，この章で述べるようにその物性には未だ解明されていない問題が残されており，半導体量子構造の物理の奥深さを示している．ここでは，この最も単純な1次元チャンネルで生じる輸送特性について，特にチャネルの長さが短く，電子などのキャリアが散乱を受けることなくチャネルを通過する1次元バリスティック系に注目して，これまでの研究で明らかになっている基本的な事項を解説する．

3.2　1次元バリスティック伝導

2次元系からスタートしてナノテクノロジーを用いて1次元系を実現することを考える．具体的には，図3.1のように2次元電子系の上に狭い間隔で対向したショットキー電極を設置したデバイスを考える．電極に負の電圧を印加すると，電極の下の2次元電子系が空乏化され，狭いチャネルが残る．このとき，残ったチャネルの幅が電子の波長オーダーになると y 方向への量子閉じ込め効果が顕著になり1次元系のチャネルが形成される．さらに，このチャネルの長さが十分に短い場合，あるいは用いる2次元系の移動度が十分に大きい場合，散乱の影響を受けない理想的な1次元チャネルの形成が期待できる．電子はこのチャネルを散乱されることなくピストルの弾丸のように（バリスティックに）通過する．散乱の影響がほとんど特性に影響しないようにするためには，通常のケースでは，1次元チャネルの長さは $1\,\mu$m 以下となり，広い2次元系が点でつながったように見えることから，この1次元バリスティックチャネルはしばしば量子ポイントコンタクトと呼ばれる．このチャネルでは，1次元に閉じ込められた電子のバリスティックな伝導特性を観測することができる．y 方向の閉じ込めにより形成される1次元サブバンドの数がフェルミ準位より下に N 個存在する場合，N 個のチャネルが後方散乱なしに電気を運ぶので，ランダウアー・ビュティカーの考え方に従えばこのチャネルのコンダクタンスは

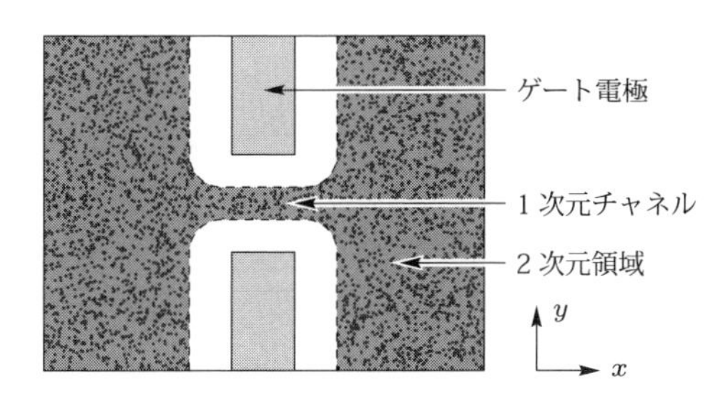

図 3.1　典型的な量子ポイントコンタクト．2次元電子系の上に微細なショットキーゲート電極（電極幅 500 nm，電極間隔 300 nm 程度）を作製し，その電極に負のゲート電圧を加えることで，電極下の2次元電子系を空乏化し，微細な1次元チャネルを形成する．

$$G = \frac{2e^2}{h}N \tag{3.1}$$

と求まるはずである．すなわちコンダクタンスは量子化される．ここで，式(2.15) に比べて 2 倍異なるのは量子ポイントコンタクトの伝導特性はゼロ磁場で得られており，スピンが縮退して，$g_{\mathrm{s}} = 2$ になるからである．式 (3.1) は 1.2 節の議論を 1 次元系に拡張することでも求めることができる．1.4 節の問題 1.1 にあるように 1 次元状態に閉じ込められた電子の状態密度は，

$$D(E) = \frac{g_{\mathrm{s}}}{h}\left[\frac{m^*}{2(E - E_{\mathrm{1D},n})}\right]^{1/2} \tag{3.2}$$

で表すことができる．ここで $E_{\mathrm{1D},n}$ は 1 次元の n 番目のサブバンドのエネルギーである．複数の 1 次元サブバンドが伝導に寄与する場合，エネルギー状態密度は図 3.2(a) のようになる．ポイントコンタクトの両端に微小電圧 V を印加すると，eV のエネルギー領域に存在する電子が 1 次元チャネルを通して流れることになり，n 番目の 1 次元サブバンドが運ぶ電流は，

$$I_n = D(E_{\mathrm{F}}) \cdot ev_{\mathrm{F}}(eV) = \frac{g_{\mathrm{s}}e^2}{h}V \tag{3.3}$$

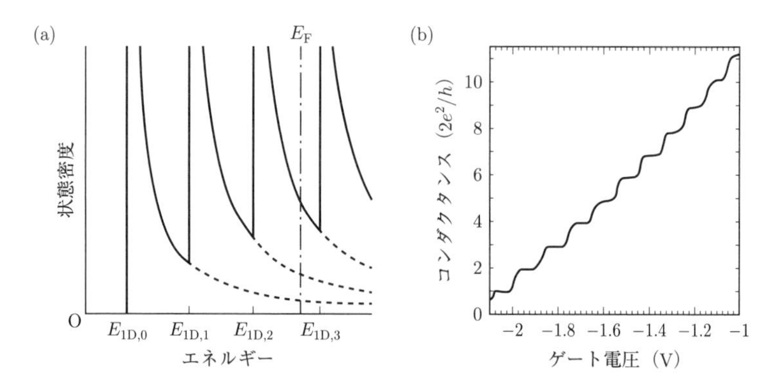

図 3.2 (a) 1 次元チャネルの状態密度の概略図．$E_{\mathrm{1D},n}$ は y 方向に閉じ込められた 1 次元チャネルの n 番目のサブバンドエネルギーであり，E_{F} はフェルミ準位である．この図の場合，フェルミ準位下に三つの 1 次元サブバンドが存在する．(b) 実際の量子ポイントコンタクトで測定された量子化された伝導特性．ショットキーゲートに加えるゲート電圧を負にするにつれ，1 次元チャネルの幅が狭まり，E_{F} 下の 1 次元サブバンドの数が一つずつ減少する．これに伴い量子ポイントコンタクトの伝導度が $2e^2/h$ の単位で減少する．実験データは文献[24] により，測定温度は 0.6 K である．

となる．ここで，E_{F} はフェルミ準位，v_{F} はフェルミ準位にある電子の x 方向への速度であり，

$$E_{\mathrm{F}} - E_{1\mathrm{D},n} = \frac{1}{2}m^* v_{\mathrm{F}}^2 \tag{3.4}$$

で表される．これから直ちに一つの1次元サブバンドが $g_{\mathrm{s}}e^2/h$ のコンダクタンスを担うことがわかり，フェルミ準位の下に N 個の1次元サブバンドが存在する場合，伝導度は $2e^2N/h$ となる．これは式(3.1)と同じ結果である．なお，ここでは z 方向への閉じ込めは十分に強く，すべての電子は2次元系としてはその基底状態にのみ存在していると考えているが，これは通常の実験系で十分に成り立つものである．

量子ポイントコンタクトは対向した微細なショットキー電極（図3.1）を高移動度 AlGaAs/GaAs 2次元系の上に形成することで，1988年に実現された[24]．両方の電極に等しい負のゲート電圧を印加することで，チャネルの実効幅を徐々に減少させることができ，フェルミ準位下の1次元サブバンド数 N が一つずつ減少する．これにつれて，理論的に予想された通りのステップ状のコンダクタンスの減少が図3.2(b)に示したように見事に観測されている．なお，同様の量子化コンダクタンスは1次元チャネルを微細加工で形成し，その中の電子密度を表面に付けたゲートで変化させるような構造でも確認されている．厳密に言えば図3.1のゲート電極のように矩形のチャネルの場合，必ず1次元系と2次元系の接続点で電子の波の反射が生じ，反射された波の干渉効果でコンダクタンスは量子化値で一定にならず振動することになるが*1)，実際には図3.1に示したように空乏領域の広がりで角が丸まることが多く，この効果が顕著になることは少ない．

量子ポイントコンタクトの伝導特性はうまい形のポテンシャルを仮定すると解析的に求めることができる．このような解析モデルは Kawabata[25]，Büttiker[26] などにより提案されている．例えば，量子ポイントコンタクトの閉じ込めポテンシャルとして馬の鞍の形状を仮定した場合，閉じ込めポテンシャルは，

$$V(x,y) = V_0 - \frac{1}{2}m{\omega_x}^2x^2 + \frac{1}{2}m{\omega_y}^2y^2 \tag{3.5}$$

---

*1) 電子密度が大きく空乏領域の広がりが小さい量子ポイントコンタクト構造では実際の実験でもこの振動効果が観測されている．

で示される．z 方向には2次元に閉じ込められた基底状態のみがあり，y 方向に放物線状の閉じ込めポテンシャルが考えられている．x 方向にもチャネル中央でポテンシャルが一番高くなり，両側で下がる効果が考慮されている．式 (3.5) の閉じ込めポテンシャル中を電子が（絶対零度で）伝導する場合のコンダクタンスは厳密に解析的に求めることができ，

$$G = \frac{2e^2}{h} \sum_n T_n \tag{3.6}$$

$$T_n = \frac{1}{1 + e^{-\pi \epsilon_n}} \tag{3.7}$$

$$\epsilon_n = \frac{2\left[E_{\mathrm{F}} - \hbar\omega_y\left(n + 1/2\right) - V_0\right]}{\hbar\omega_x} \tag{3.8}$$

で与えられる．ここで T_n は n 番目の1次元サブバンドを電子が透過する確率であり，透過率1(100%)のチャネルはスピンの縮退度も含めると $2e^2/h$ のコンダクタンスに寄与することが式 (3.6) で示されている．式 (3.8) で $V_0 + \hbar\omega_y(n+1/2)$ は鞍の中心点における y 方向に閉じ込められた1次元サブバンドのエネルギーである．この解析は不純物による散乱がなく，十分低温であっても，量子化コンダクタンスの見え方はポテンシャルの形状に依存していることを示している．$\hbar\omega_x$ が閉じ込められたチャネルの長さを決め，$\hbar\omega_y$ が1次元チャネルのエネルギー分離を決めることから，コンダクタンスの量子化がどの程度きれいに見えるかは図3.3に示したように $\hbar\omega_y$ と $\hbar\omega_x$ の比に強く依存する．このことは，ポイントコンタクトとは言うものの，無限に薄い障壁で分離された2次元系が電子の波長程度の穴で結ばれている場合には量子化特性は出現しないことを意味している．実際の実験でも，対向型ショットキーゲート電極を有する量子ポイントコンタクトの場合，2次元系が表面から深いところに存在するウエハを用いたデバイスでは量子化特性がみえにくくなる傾向があるが，これは2次元系が深い場合には実効的な ω_y/ω_x が小さくなることに対応していると考えられる．

最後にポイントコンタクトの量子化特性の温度依存性について述べる．温度が高くなるにつれて，電子のエネルギーにボルツマン分布に対応した広がりが生じるため，量子化特性は不明瞭になり，$4k_{\mathrm{B}}T$ が1次元サブバンドのエネルギー分離より大きくなると量子化特性は消滅する．GaAs 量子ポイントコンタクトの場合，量子化特性は4K 程度で消失するのが一般的である．

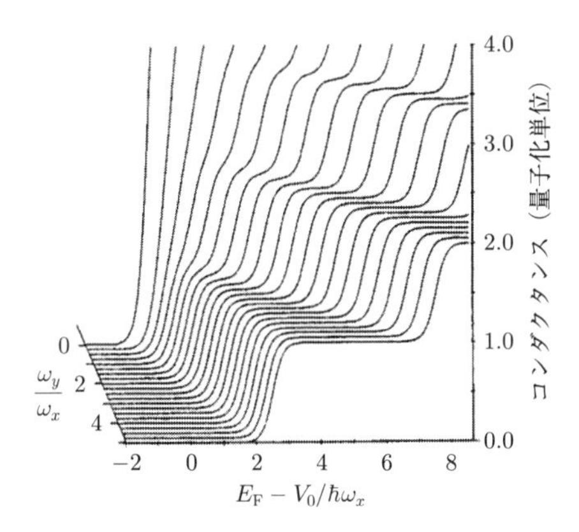

図 **3.3**　鞍点ポテンシャルを電子が通過するときの伝導特性．散乱のない理想的な系における絶対零度での伝導度を解析的に求めることができる．量子化特性がどの程度明瞭に見えるかは ω_y/ω_x によることがわかる．（文献[26]）の Fig.2 から転載．）

3.3　磁場中での伝導特性

量子ポイントコンタクトに一様な垂直な磁場（量子ポイントコンタクト両側の 2 次元面に垂直な磁場）B を印加すると，特性はどのように変化するであろうか？ 無限に長い理想的な 1 次元細線を考えると，これは 3.2 節の鞍点モデルにおいて，非常にゆっくりと鞍点にさしかかるポテンシャル，言い換えると $\omega_x = 0$ の極限に対応する．この場合には，式 (3.8) の $\hbar\omega_y(n+1/2)$ が磁場中では $\hbar({\omega_y}^2 + {\omega_c}^2)^{1/2}(n+1/2)$ に置き換わる．ここで，ω_c は式 (2.5) で定義したサイクロトロン周波数である．すなわち磁場によるサイクロトロン運動により，細線の閉じ込めが実効的に強くなり，1 次元のサブバンドのエネルギー間隔が増大し，結果的にフェルミ準位の下に存在できる 1 次元サブバンドの数が減少する．この様子は図 3.4 に示した実験で明瞭に観察されており，同じスプリットゲート電圧に対するサブバンドの数が磁場により減少し，コンダクタンスが低下していることがわかる．さらに，磁場によりゼーマン分離も生じるため，スピンが分離し，量子化コンダクタンスの間に量子化値の 0.5 倍や 1.5 倍の構造が特に高い磁場で見え始めていることがわかる．この実験は，ゼロ磁場

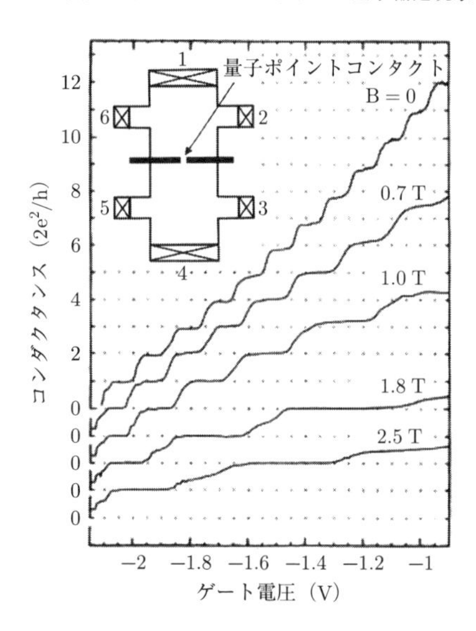

図 3.4　量子ポイントコンタクトに一様な垂直な磁場（量子ポイントコンタクト両側の2次元面に垂直な磁場）B を印加したときに観測される量子化伝導特性．磁場印加時の特性は見やすくするために垂直方向にずらしている．磁場中でのサイクロトロン運動により実効的な閉じ込めが強くなり，E_{F} より下の1次元サブバンドの数が減少する．強磁場では，ゼーマン分離が大きくなり，量子化値の0.5倍や1.5倍の構造が見える．挿入図は測定に用いた構造の概略図である．（実験データは文献[27] の Fig.1 から転載）

での量子化コンダクタンスがどのように強磁場での量子ホール効果につながるかを示す意味で大変示唆に富んだものである．上記の議論は無限に広い，すなわち $\omega_y = 0$ においても，磁場により実効的な1次元チャネルができることを示しているが，これはまさに第2章で学んだエッジチャネルに他ならない．式(2.15) にあるように強磁場中の2次元系の2端子抵抗はエッジチャネルの数に e^2/h を掛けたもので表される．すなわち，ゼーマンエネルギーによるスピン分離を除けばゼロ磁場の量子化コンダクタンスも強磁場中での量子ホール効果も2端子抵抗は1次元チャネルの数で決まることを示しており，量子ポイントコンタクトの量子化コンダクタンス特性が2次元系の量子ホール効果に連続的につながることを示している．

問題 3.1：　量子ポイントコンタクトを含む図3.4挿入図のような構造を考

える．本文では磁場中での 2 端子抵抗（すなわち端子 1 と 4 の間の抵抗）を考えたが，端子 2, 3 あるいは 5, 6 を用いて 4 端子抵抗（すなわち R_{xx}）を測定するとこの値は磁場印加によりどのように変化するか考えよ．

磁場が大きな状況，極端に言えば電子のサイクロトロン直径が 1 次元チャネルの幅より狭くなると，図 3.4 の系は中央に狭い領域がある 2 次元系の強磁場下での振る舞いに等価になる．この場合，量子ホール状態の局在領域では R_{xx} は 0 になる．したがって，磁場を増加すると，磁場の小さい段階ではここで議論したサブバンド数の減少により抵抗が増大するが，ある磁場で R_{xx} は減少に転じ，強磁場の極限では 0 に近づく．同じ 4 端子抵抗でも電圧端子を 2, 5 や 3, 6 のようにとると，基本的には 2 端子抵抗と同様の振る舞いになる．ゼロ磁場では同じ特性であっても，磁場中での特性は測定する端子のとり方で変化するので，量子構造の磁場依存性を測定する際には注意が必要である．

3.4　量子ポイントコンタクトの異常な伝導特性

量子ポイントコンタクトの特徴はその量子化された伝導特性にあり，すでに述べてきたようにその特性は横方向閉じ込めによる 1 次元サブバンドの形成と単電子がそこを通過するときの量子効果で説明される．しかし，例えば図 3.2, 図 3.4（図 3.2 の報告では肝心のところで微妙に切れているが）を見ると最初の量子化値の下，0.7 付近にも構造があることがわかる．この構造の存在は多くのポイントコンタクトで初期のころからみられてきたが，これに正面から着目してスピン分離との関係を示したのが Thomas らの研究である[28]．図 3.5 に示した特性は “0.7 構造” と呼ばれる構造の重要な特徴を表している．一つはポイントコンタクトを形成する 2 次元面に水平に磁場を加えていくと，0.7 構造が連続的にゼーマン分離による 0.5 構造に近づくことである．このことは，0.7 構造の形成にスピンが寄与していることを示唆している．もう一つの特徴は測定温度の上昇につれ 0.7 構造は明瞭になり，量子化コンダクタンスが見えなくなるような温度でもその特性が残ることである．異常なキンクやステップが見える位置は必ずしもいつもきちんと 0.7 に現れるわけではなく，ポイントコン

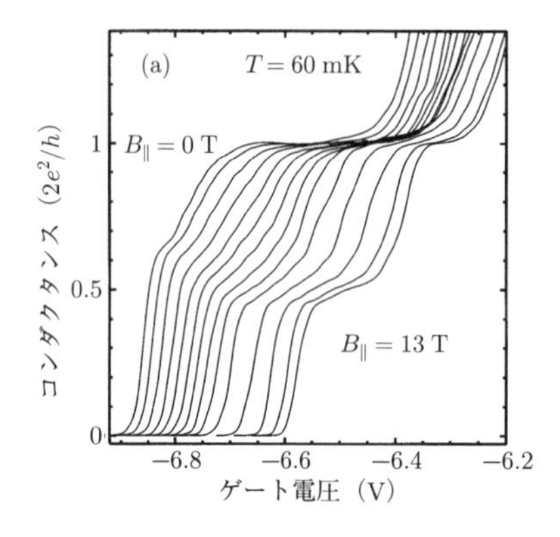

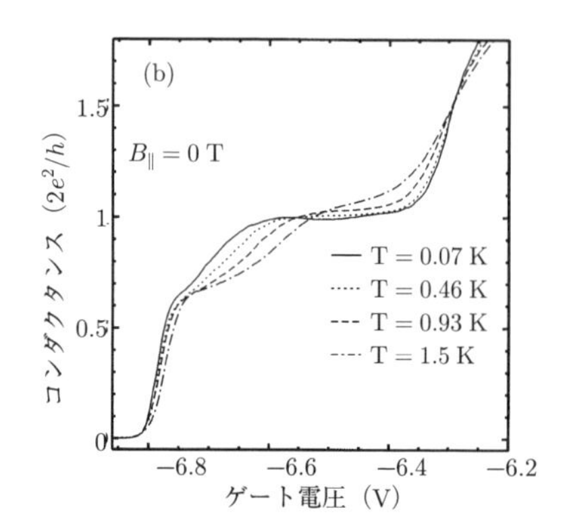

図 3.5 (a) 量子ポイントコンタクトの 0.7 付近の構造の水平磁場 $B_{\parallel}$ による変化. $1 \times (2e^2/h)$ の量子化構造に加え, $0.7 \times (2e^2/h)$ の構造が明瞭に観測され, その構造は $B_{\parallel}$ の増加につれゼーマン分離による $0.5 \times (2e^2/h)$ 構造に近づくことがわかる. (b) 0.7 付近の構造の温度による変化. 量子化コンダクタンスによる $1 \times (2e^2/h)$ 構造が温度上昇により曖昧になっていくのに対し, $0.7 \times (2e^2/h)$ 付近の構造は温度上昇につれより明確になることがわかる.（実験データは文献[28] の Fig.3, 4 から転載.）

タクトデバイスの構造により, 0.5 から 0.8 まで変化するが, この二つの特徴はほとんどの測定に共通して確認されている. 量子化値からずれたこの 0.7 構造は, 単一の電子の振る舞いでは説明することができず, 電子間の相互作用に基づく現象としてとして着目されており, ポイントコンタクトの鞍点で電子が低速になり相互作用が増加することによる説明や, 特に閉じ込め状態がなくても相互作用で電子の束縛状態が形成され, その電子が有するスピンが関連した近藤効果として特異な構造が出現する（近藤効果については 4.5 節「スピン相関と近藤効果」を参照）などの解釈が提唱されている[29〜31]. Thomas らの論文から 20 年近くが経過し, 多くの論文が出版された現在でも Nature 誌に異なる解釈が掲載されるなど[30,31], その起源はまだ未解明である. 量子ポイントコンタクトは量子ドットなど様々なナノ構造を作る基礎になる構造であるが, この一番基礎になる, 単純と思われる構造の振る舞いにおいてさえ, 20 年近く未解明の問題があることは, 半導体ナノ構造の物理の奥深さを示している.

3.5 積層量子ポイントコンタクト

量子ポイントコンタクトを近接して並べた構造では二つの1次元チャネルの結合による特性が出現する．特に2重量子井戸構造からスタートした積層ポイントコンタクト構造では，二つの1次元チャネルを上下に近接して配置することができ，1次元電子波の結合による特性が明瞭に出現する[32, 33]．具体的なデバイスの構造例を図3.6(a)に示す．デバイスは，2.2 nmの$Al_{0.33}Ga_{0.67}As$トンネルバリアを挟んだ20 nm井戸幅のGaAs 2重量子井戸ウエハから作られており，1次元チャネルを狭窄する一対のスプリットゲートに加えて，バック側とフロント側の1次元チャネルの電子密度を制御するためのバックゲートとミッドラインゲートが配置されている．図3.6(b)にスプリットゲート電圧（V_{sg}：両側のゲートに同じ電圧を印加）を横軸にとり，全チャネルを合わせたコンダクタンスGを縦軸にとった測定結果を示す．ここで，ミッドラインゲートの

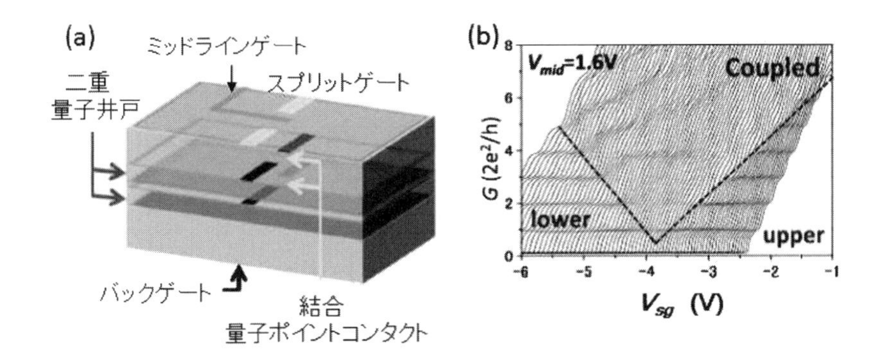

図3.6 (a) 量子ポイントコンタクトを上下に積層した積層型結合量子ポイントコンタクトデバイスの概略図．(b) ミッドラインゲート電圧（$V_{\rm mid}$）を1.6 Vに固定し，バックゲート電圧（$V_{\rm bg}$）をパラメータとして2 Vから0.5 Vまで10 mV間隔で変化させたときの結合量子ポイントコンタクトのコンダクタンスGのスプリットゲート電圧（$V_{\rm sg}$）による変化．両側のスプリットゲートに同じ電圧を印加しており，測定温度は260 mKである．$V_{\rm bg}$が大きい領域では下側（lower）に単一の量子ポイントコンタクトが形成され，$V_{\rm bg}$が小さい領域では上側（upper）に単一の量子ポイントコンタクトが形成され，それぞれ明瞭な量子化特性が得られる．その中間領域では結合した（coupled）量子ポイントコンタクトが実現される．（文献[33]のFig.1から転載）

電圧 V_{mid} は 1.6 V に保たれており，バックゲート電圧（V_{bg}）がパラメータとして 2 V から 0.5 V まで 10 mV 間隔で変化されている．V_{bg} が大きい場合は，大きな負の V_{sg} 領域で，フロント側の量子ポイントコンタクトが空乏化されてバック側に単一の量子ポイントコンタクトが形成され，V_{bg} が小さい場合には，その逆で，小さい負の V_{sg} 領域でフロント側に単一の量子ポイントコンタクトが形成されている．これらの領域では，すでに述べてきたように，低温でみられる単一量子ポイントコンタクトの量子化特性がきれいに観測されている．この二つの領域に挟まれた中間領域にフロント側とバック側の上下の量子ポイントコンタクトに電子が蓄積されている領域があり，ここでは薄いトンネルバリアを反映して，上下の量子ポイントコンタクト間の電気的な結合が観測される．

ここで，上下の1次元チャネルの電気的な結合について考えてみよう．フロント側の n 番目の1次元サブバンドに属する電子の横方向（y 方向）への分布を $\phi_{\mathrm{f},n}(y)$ とする．同様に，バック側の n 番目の1次元サブバンドに属する電子の横方向への分布を $\phi_{\mathrm{b},n}(y)$ とすると，上下の結合の大きさは

$$\int \phi_{\mathrm{f},n}(y)\phi_{\mathrm{b},n}(y)dy \tag{3.9}$$

に比例する．結合がある場合，二つの結合したサブバンドは結合モードと反結合モードに分裂し，結合が強い場合は上下のチャネルの1次元サブバンドが交差する場合に反交差がみられることになる．一方，結合がない場合にはこのような反交差は観測されないことになる．上下の1次元サブバンドが水平方向に完全に一致していると，式 (3.9) の積分は上下の n が同じときにしか生じない．すなわち，上下の n が異なる場合には反交差は生じないことになる．一方，横方向の中心位置が上下の1次元サブバンドでずれていると，式 (3.9) の積分はすべての n の組み合わせに対して，有限の値を持つことになり，上下のすべての1次元サブバンドの交差に対して反交差が生じることになる．

実験で1次元サブバンド結合の様子を見るためによく用いられる方法が，コンダクタンスの微分プロットである．フェルミ準位が1次元サブバンドをまたぐときに G の変化がみられることから，1次元サブバンドの位置を可視化することができる．図 3.7 はこのような測定を積層ポイントコンタクトに適用したものである．図 3.7(a) は上下のポイントコンタクトの水平方向の位置が一致す

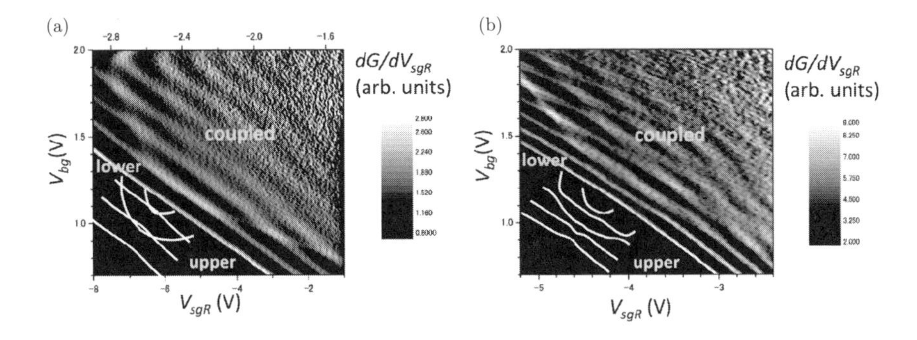

図 3.7 左右のスプリットゲートに別々の電圧を印加できるようにして，上下の量子ポイントコンタクトの位置を制御したときの伝導特性．トランスコンダクタンス（dG/dV_{sgR}）を右側のスプリットゲート電圧（V_{sgR}）とバックゲート電圧（V_{bg}）の関数としてグレースケールプロットで示している．トランスコンダクタンスをグレースケールプロットすることで 1 次元サブバンドの様子が可視化できる．(a) は上下の量子ポイントコンタクトの位置が水平方向に一致している場合で，同じ指数の 1 次元サブバンド間でのみ反交差が生じ，残りは交差することがわかる．一方，上下の量子ポイントコンタクトの位置がずれている (b) の場合は，すべての 1 次元サブバンドに対して反交差が生じる．実験結果の理解を助ける意味で，各図の左下にそれぞれの状態における低次の 1 次元サブバンドの概略図が示されている．（文献[33]の実験データより転載.）

る条件を左右のスプリットゲートに加える電圧を制御して実現した場合の特性であり，理論的に予想されるように，上下の n が異なる場合に反交差は生じていない．一方，図 3.7(b) は上下のポイントコンタクトの水平方向の位置が一致しない場合の特性であり，すべての 1 次元サブバンドの交差に対して反交差が生じている．この実験ではゼロ磁場で，各ゲートに印加する電圧を制御することで，上下の 1 次元チャネルの水平方向の位置を電気的に制御することに成功しているが[33]，同様の制御は量子井戸構造に水平方向の磁場を加えることでも実現される[32]．ゼロ磁場で水平方向に位置が一致している（すなわち図 3.7(a) の特性が得られる）デバイスに関しても，水平磁場を加えると，電子が上下の 1 次元チャネルをトンネルするときに水平方向への運動量 k を得ることになるため，磁場を大きくするにつれ図 3.7(a) の特性から (b) の特性に変化する[32]．ここで述べたように，積層ポイントコンタクトにおける上下の 1 次元チャネルの結合状態の制御はかなり高精度に実現できるようになってきたが，上下のチャネルのクーロン相互作用やスピン相互作用がどのようになるかは，まだ不明な点が多い．これらを明らかにすることは，例えば，3.4 節で議論した 0.7 構造の起源を探る上でも重要である．

4 量子ドットにおける量子輸送現象

4.1 はじめに

前章までに，高品質な半導体ヘテロ構造中に形成された 2 次元系における量子ホール効果や，これにリソグラフィー技術による面内閉じ込めを 1 方向から加えることによって形成された，1 次元系におけるバリスティック伝導などの物理現象を述べてきた．自然な流れとして，さらに面内閉じ込めを追加する，すなわちすべての方向を閉じ込めることによって，0 次元の量子ドット構造が実現される．理想的に形状を制御された量子ドットは，自然界の原子と同様の殻構造を伴ったエネルギースペクトルを示すことから「人工原子」とみなすことができ，その性質を実験的に制御することにより，従来より知られていた様々な物理現象を，物質の枠組みにとらわれずに多面的に研究することが可能になるとともに，新機能素子としての役割も期待されるようになっている．

4.2 クーロンブロッケードと単電子輸送

この節では，0 次元構造であるドットの古典的な性質であるクーロンブロッケード現象と，それに伴う単電子輸送について述べていきたい[34)]．図 4.1 に，GaAs/AlGaAs ヘテロ構造を用いて作製した横型量子ドット (a) と縦型量子ドット (b) の模式図を示す．まず横型量子ドットであるが，これは第 1 章で述べた変調ドープ構造の GaAs/AlGaAs 界面に形成される高移動度の 2 次元電子ガスをさらに低次元化したものである．基板表面にいくつかのゲート電極を蒸着し，

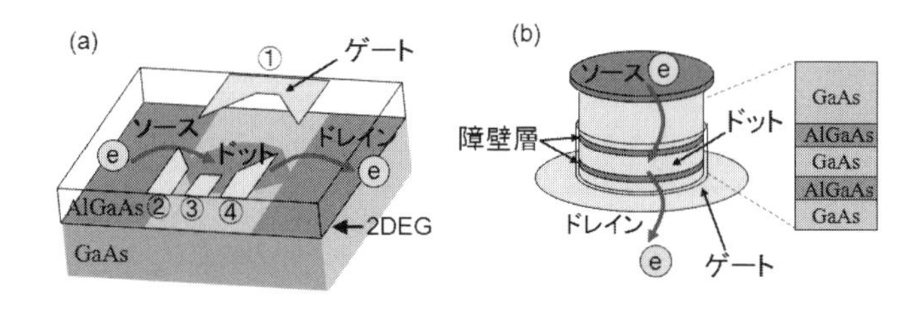

図 **4.1** (a) 横型ドットと (b) 縦型ドットの模式図

これらに負電圧を印加すると，ゲート近傍の伝導帯のエネルギーが局所的に高くなるので，図 4.1(a) 中で白っぽくなっているゲート直下近傍の電子が空乏化する．このとき，ゲート電極は半導体表面に対してショットキー接合となっているため，電圧を印加しても理想的には電流は流れない．すると，左右の 2 次元的に残っている部分がソース・ドレイン電極，中央部の取り残された小さな部分が電子溜まり，すなわちドットとなり，ソース・ドレイン電極にオーミック接合をとることにより，ドットに流れる電流を測定することができる．このとき，電流が基板に沿って横方向に流れるので，「横型」ドットと呼んでいる．ドットとソース・ドレイン電極は，第 3 章で述べたポイントコンタクトによってトンネル結合している．ゲート電極のリソグラフィー上のドットサイズとしては 200〜500 nm 程度の大きさがよく用いられるが，ゲートを負にバイアスすることにより数十から 100 nm 程度空乏層が伸びるため，電気的活性層とも言うべき実際のドットサイズは，リソグラフィーサイズよりも空乏層分だけ小さくなる．2 次元電子ガスは，ドナー不純物をドーピングした層からの距離を大きくした方が移動度は高くなるが，同時に表面のゲート電極からの距離も大きくなるので，2 次元電子ガス面内において微細なリソグラフィーが反映されにくくなる．量子ドットの場合は高移動度をさほど必要としないこともあり，通常は 2 次元電子ガスの表面からの深さが 100 nm 前後のウエハ構造がよく用いられている．

さて，図のドット構造では①から④まで四つのゲートを有する例だが，例えば①のゲートを一定値にバイアスしておき，②と④に印加するバイアス電圧で，それぞれドット–ソース間，ドット–ドレイン間のトンネル結合を調節し，③に印加するバイアス電圧（プランジャーゲート電圧とも呼ばれる）によって，ドット中に含まれる電子数を調節することができる．このように，横型ドットにおいては様々なパラメータを個別に制御できるよう，複数のゲート電極を設けるのが通例である．ただしゲート間の静電容量結合があるので，完全に独立には制御できない．例えば，電子数を減らそうとしてプランジャーゲートを負にバイアスしていくと，同時にドット–ドレイン間のトンネル結合も小さくなるので，しまいにはソース・ドレインのポイントコンタクトがピンチオフされて電流が観測できなくなってしまう．ドットを形成する際，このようにすべてゲート電圧で静電的に閉じ込めるのではなく，エッチングによって半導体を部分的に除去する方法[35]，あるいは集束イオンビームを打ち込んで半導体を部分的に絶縁化させる方法[36] などと組み合わせることもある．

一方，図 4.1(b) に示すのは縦型量子ドット構造で，GaAs 井戸層を二つの AlGaAs 障壁層で挟んだ 2 重障壁トンネルダイオードを直径数百 nm の円柱状に切り出して，これを取り巻くようにサイドゲートを付けたものである[37]．このとき，円板型ドットが GaAs 井戸層中に形成される．2 重障壁層上下の n 型にドープされた GaAs 領域がソース・ドレイン電極として働き，電流が基板に垂直な縦方向に流れるので「縦型」ドットと呼ばれる．ドットと同じ対称性を有するソース・ドレイン電極が AlGaAs 障壁層を介してドットの全面に接合しており，ソース・ドレイン電極がポイントコンタクトでドットの端部に一点で接触している横型ドットとは異なっている．縦型ドットが横型ドットに比べて優れている第一の点は，面内方向の閉じ込めポテンシャル形状が良好な回転対称性を有することである．（もちろん，意図的に回転対称性を崩したり，三角形や四角形といった任意の形状に加工することも可能である．）第二の点は，ドットとソース・ドレイン電極間の結合がヘテロ界面によるトンネル障壁となっているため，ゲートを負にバイアスして電子数を減らしていった際にトンネルレートが影響を受けにくく，ドット中の電子数を容易に 0 電子まで減らせることである．これらの利点が組み合わさった結果，後で詳しく述べるように，特定の電子数で軌道が完全に占有される閉殻構造や，軌道が半分だけ電子に占有されたときにスピンの向きが揃うフント則といった，「人工原子」としての性質が明瞭に観測されている．特に，面に垂直な方向がヘテロ界面による強い閉じ込め（したがって，通常は基底サブバンドのみ考える)，面に平行な方向が回転対称性を有する調和振動子的なゆるやかな閉じ込めポテンシャルでよく記述されるため，理論的にも取り扱いがしやすい．逆に欠点としては，一般に作製がより困難であることや，単一ゲートなので様々なパラメータを個別に制御できないことが挙げられる．ただし，後者に関しては，上部のオーミック電極から引き出した細いメサによってサイドゲートを複数に分割し，それぞれに異なる電圧を印加することによって，縦型ドットの形状を電気的に制御する試みなどもなされている[38]．

図 4.2 に縦型量子ドットの作製手順の一部を示す．まず，電子線描画装置を用いて直径 500 nm 程度の円形をした上部オーミック電極パタンを描画し，金属の蒸着，およびリフトオフを行う．次に，この金属電極自体をマスクとして，ハロゲン系ガスを用いたドライエッチング（反応性イオンエッチング）で，ドットが形成されることになる GaAs 井戸層近傍の深さまで半導体を削り取る．金属と半導体ではドライエッチング速度の選択比が通常 10 倍程度とれるので，問題なく金属をマスクとして用いることができる．（このように，素子構造の一部をマスクとして自動的に位置決めがされる方法をセルフアラインと呼ぶ．）ドライエッチングは基板にほぼ垂直方向に進み，断面がややすそ広がりになった円柱が形成される．次に，ウエットエッチングを少々追加することにより，上部電極の直下の半導体が横方向にも削り取られてアンダーカットができるので，引き続きゲート電極を蒸着する際に上部オーミック電極とショートすることが避けられる．これで縦型ドットの基本構造ができたことになるが，この後必要に応じて絶縁膜を形成するなどし，各電極からボンディングパッドへ配線を行えば素子が完成する．

ここからは電気伝導特性をみていくが，図 4.3 にソース，ドレイン，ゲート

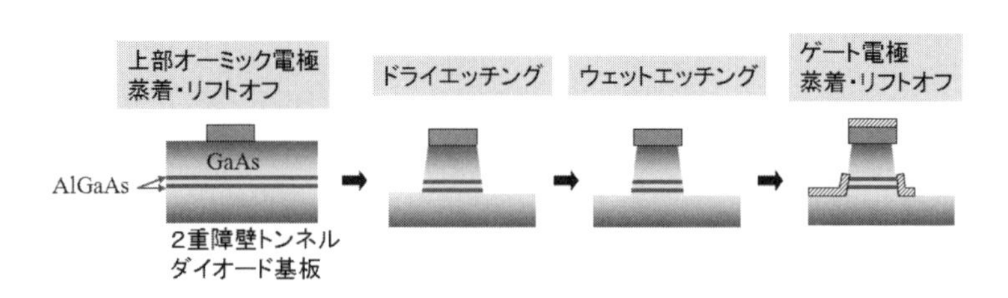

図 **4.2**　縦型量子ドット作製手順

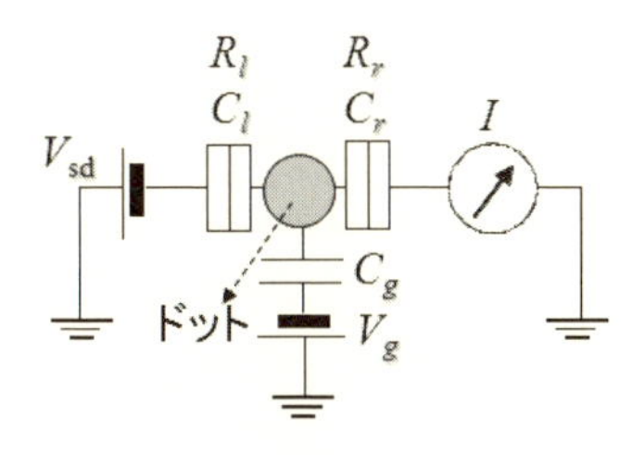

図 4.3 ソース・ドレイン電極，およびゲート電極につながれたドットの等価回路

の各電極がつながれたドットの等価回路を示す．長方形を 2 個つなげた記号は，抵抗 R_i と電気容量 C_i $(i = \mathrm{l, r})$ が並列につながったトンネル接合を意味している．ここで，ドットに N 個の電子が詰まった状態の全エネルギー $U(N)$ を求めるために，いくつかの仮定をする．第一に，0 次元量子閉じ込め準位のエネルギー E_n としては，電子間のクーロン相互作用を考慮せずに求めた 1 電子準位を用いる．第二に，電子間のクーロンエネルギーを厳密に考慮するのは容易ではないので，電子数に依存しない一定の電気容量 C $(\equiv C_\mathrm{l} + C_\mathrm{r} + C_\mathrm{g})$ を用いて記述する．これを，一定相互作用（constant interaction）モデル（CI モデル）と呼ぶ．すると，ドットに電子が N 個含まれるときの基底状態の全エネルギーは

$$U(N) = \frac{[e(N - N_0) - C_\mathrm{g}V_\mathrm{g}]^2}{2C} + \sum_{n=1}^{N} E_n \tag{4.1}$$

と書ける．ここで，N_0 はオフセット電荷，$C_\mathrm{g}V_\mathrm{g}$ はゲート電圧によってドットに誘起された連続的な値をとり得る電荷である．最後の項が，1 電子準位に下から順番に N 個の電子を付け加えていった際のエネルギーの和である．上の式は，第 1 項が古典的な側面（粒子性），第 2 項が量子的な側面（波動性）を表しているとみることができる．実際にドットに入る電子数 N やドットを通って流れる電流は，電気化学ポテンシャル $\mu(N)$ とソース・ドレイン電極の化学ポテンシャル μ_L，μ_R との相対関係で決まる．ここで，

$$\mu(N) \equiv U(N) - U(N-1) \tag{4.2}$$

$$= \frac{(N - N_0 - 1/2)e^2}{C} - e\frac{C_\mathrm{g}V_\mathrm{g}}{C} + E_N \tag{4.3}$$

である．外部からドットに印加するソース・ドレインバイアスを $V_\mathrm{sd} = \mu_\mathrm{L} - \mu_\mathrm{R} >$

0 とすると，正味の電流に寄与するのは $\mu_{\rm L}$ と $\mu_{\rm R}$ の間の伝導窓（transport window）の部分の電子である．（ただし，当面 $V_{\rm sd}$ は帯電エネルギー $E_{\rm C} \equiv e^2/C$ よりも十分小さいとする．）

もしも図 4.4(a) のように，$\mu(N)$ が伝導窓の下，$\mu(N+1)$ が伝導窓の上に位置する場合には，電子がソース電極からドットに入る場合にせよ，ドットからドレイン電極に抜ける場合にせよ，$\Delta\mu \equiv \mu(N+1) - \mu(N) = E_{\rm C} + \Delta E(N)$ 程度のエネルギーを要する．ここで，量子準位分裂幅 $\Delta E(N) \equiv E_{N+1} - E_N$ で，スピン縮退により $N+1$ 個目の電子が N 個目の電子と同じ準位に入る場合は $\Delta E(N) = 0$ とする．$\Delta\mu$ がフェルミ面の温度によるぼけ $k_{\rm B}T$ やトンネル障壁の量子揺らぎ（トンネルレート）$\Gamma \equiv \Gamma_{\rm L} + \Gamma_{\rm R}$ よりも十分大きいと，電子の移動が妨げられる．これをクーロンブロッケードと呼び，ドットに含まれる電子数は固定される．GaAs 量子ドットでは，帯電エネルギーが通常 1 meV 程度なので，数 K 以下に温度を下げればクーロンブロッケードが起こる（実際には $3.5k_{\rm B}T \leq E_{\rm C}$ 程度でクーロンブロッケードが起こる．）さて，ゲート電圧 $V_{\rm g}$ をより正にバイアスして，図 4.4(b) のように $\mu(N+1)$ が伝導窓の中に入るようにすると，$N+1$ 個目の電子がドットの中にトンネルできるようになる．

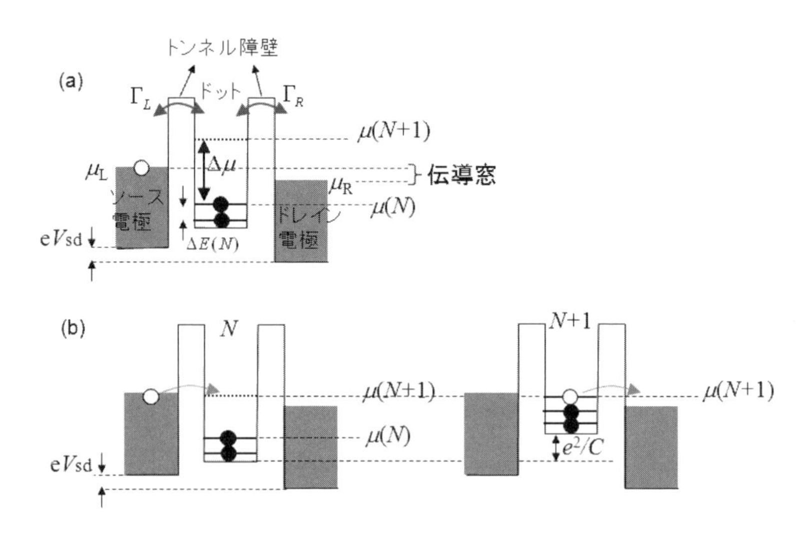

図 4.4 (a) クーロンブロッケードによって電流が流れない状態と (b) ブロッケードが解けて電流が流れる状態のエネルギー図

この電子がドレイン電極に抜けると電子数が N に戻り，また別の電子がドットに入ってきて電子数が $N+1$ になり，という過程を繰り返すことによって，電流が流れることになる．もちろん，さらに V_{g} を正にバイアスして $\mu(N+1)$ が伝導窓よりも低エネルギーになれば，再びクーロンブロッケード状態になって，電子数は $N+1$ に固定される．

以上の振る舞いを模式的に描いたのが図 4.5(a) である．電気化学ポテンシャルが伝導窓に入ってクーロンブロッケードが解けたときのみ電流が流れ，ドットに含まれる電子数が 1 だけ増減するので，単電子トランジスタとも呼ばれる．また，帯電効果によって電流–ゲート電圧特性に現れる図 4.5(a) のようなピーク構造をクーロン振動と呼ぶ．クーロン振動自体は古典的な帯電効果による現象であるが，今，量子ドットを念頭において $k_{\mathrm{B}}T, \Gamma \ll \Delta E < E_{\mathrm{C}}$ と仮定しよう．温度がトンネルレートよりも小さい場合（$k_{\mathrm{B}}T < \Gamma$），クーロン振動ピークの電気伝導度 $G \equiv dI/dV_{\mathrm{sd}}$ の波形は

$$G = \frac{2e^2}{h}\frac{4\Gamma_{\mathrm{L}}\Gamma_{\mathrm{R}}}{\delta^2 + \Gamma^2} \tag{4.4}$$

と，幅 2Γ のローレンツ型関数で与えられる．δ はピークの中心から測ったエネルギーのずれである．ピークの高さは，二つの障壁が対称なとき（$\Gamma_{\mathrm{L}} = \Gamma_{\mathrm{R}}$）に最大値 $G = 2e^2/h$ をとる．この伝導度は，スピン縮退した一つのチャネルを透過率 1 で通過していることに対応している．逆に，温度がトンネルレートよりも大きい場合（$k_{\mathrm{B}}T > \Gamma$）には，

$$G = \frac{2e^2}{h}\frac{\Gamma_{\mathrm{L}}\Gamma_{\mathrm{R}}}{\Gamma}\frac{1}{2k_{\mathrm{B}}T\cosh^2(\delta/2k_{\mathrm{B}}T)} \tag{4.5}$$

とフェルミ分布関数の微分に比例する形となり，ピークの高さは温度に反比例し，ピークの半値幅は約 $3.5k_{\mathrm{B}}T$ となる．なお，クーロン振動特性の横軸はゲー

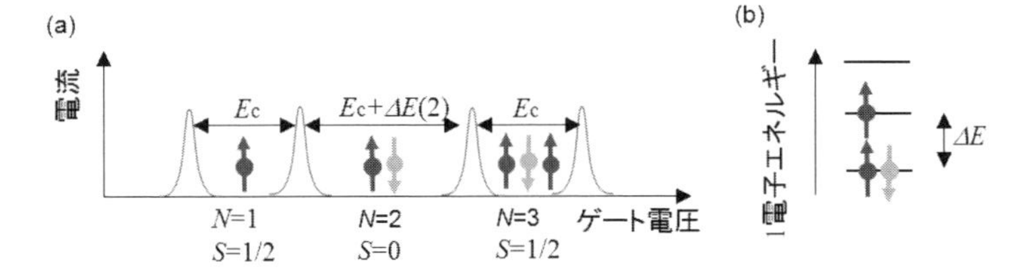

図 4.5　(a) クーロン振動の模式図．(b) 軌道非縮退の量子準位を電子が占有する様子．

ト電圧 V_g なので，上の式と比較する際には，下で述べるクーロンダイアモンド特性を用いてエネルギーに換算する必要がある．

問題 4.1：　フェルミ分布関数 $f(\delta)=\frac{1}{1+\exp(\delta/k_\mathrm{B}T)}$ をエネルギー δ で微分することにより式 (4.5) の関数形を導き，ピークの半値幅が $3.5k_\mathrm{B}T$ 程度となることを確認せよ．

$G \propto f'(\delta) = -\frac{\exp\frac{\delta}{k_\mathrm{B}T}}{k_\mathrm{B}T\left(1+\exp\frac{\delta}{k_\mathrm{B}T}\right)^2} \propto \frac{1}{k_B T\cosh^2(\delta/2k_\mathrm{B}T)}$ となる．$\delta=1.75k_\mathrm{B}T$ のとき $\frac{1}{\cosh^2(\delta/2k_\mathrm{B}T)} \simeq 0.5$ となるので半値幅は約 $3.5k_\mathrm{B}T$ となる．

今，図 4.5(b) のように量子準位に縮退がないと仮定しよう．その場合でもスピンの縮退はあるため，各準位には上向き・下向きのスピンを有する電子を計 2 個収容できる．したがって，まず最低量子準位に上向きスピンの電子が入り，2 個目の電子は下向きスピンで同じ準位に入り，3 個目の電子は $\Delta E(2)$ だけ上にある次の準位に上向きスピンで入る，ということを順番に繰り返していく．$N=1$ のとき，$\Delta\mu=\mu(2)-\mu(1)=E_C$ でスピン $S=1/2$ だが，$N=2$ では $\Delta\mu=\mu(3)-\mu(2)=E_\mathrm{C}+\Delta E(2)$ で量子準位分裂の分だけクーロン振動ピークの間隔が広がり，スピンは上向きと下向きが打ち消し合って $S=0$ となる．他方，金属ドットなどの場合は，フェルミ波長がドットサイズよりも十分小さくて $\Delta E(N) \ll E_\mathrm{C}$ となるので，上のような偶奇性は観測されない．

ここまで，V_sd は E_C よりも十分小さいと仮定していたが，図 4.6 の右のエネルギー図のように，クーロンブロッケード状態で V_sd を大きくしてみよう．すると，ソース・ドレイン電極の化学ポテンシャルが，ドットの電気化学ポテンシャルと一致したところでクーロンブロッケードが解けて，電流が流れ始める．このときの V_sd の値は V_g に依存するため，電流を V_sd と V_g の関数として 2 次元プロットすると，図 4.6 で色を付けたひし形の領域内でのみクーロンブロッケードが起こり，その外側ではブロッケードが解けて電流が流れる．このような特性をクーロンダイアモンドと呼んでいる．ここで $V_\mathrm{sd} \simeq 0$ に沿って現れる電流ピーク（ひし形の頂点）が，すでに述べたクーロン振動に他ならない．クーロンブロッケードが解けるひし形の境界線は，$\mu(N)$ が μ_L もしくは μ_R と一致する条件より得られる．図中に示したように，境界線の傾きの絶

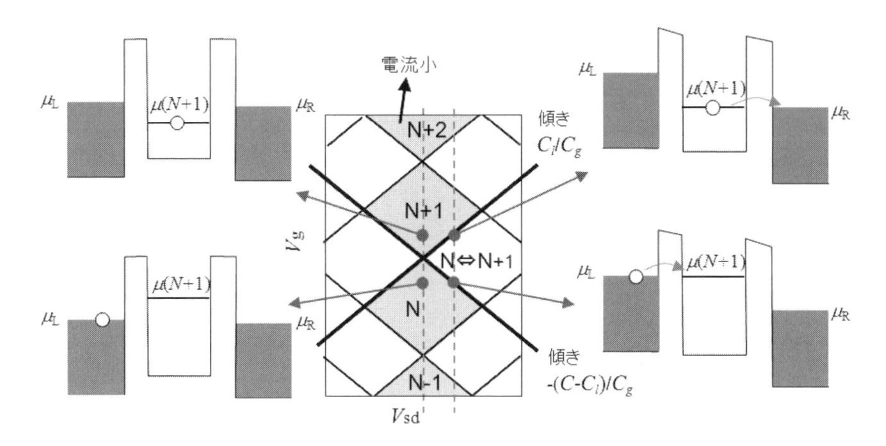

図 **4.6** クーロンダイアモンドの模式図

対値はそれぞれ C_l/C_g と $(C-C_l)/C_g$ で与えられるが，通常 $C_g \ll C$ なので $(C-C_l)/C_g \simeq C_r/C_g$ となり，$C_l \simeq C_r$ であれば，ほぼ左右対称なダイアモンドが得られる．奇数電子数において，ダイアモンドの頂点に対応する V_{sd} が，その電子数における E_C/e と等しい．このダイアモンドを挟む二つのクーロン振動ピークの間のゲート電圧差を ΔV_g とすると，$C/C_g = e\Delta V_g/E_C$ となるので，実験から直接得られるゲート電圧差に因子 C_g/C を掛け算することにより，エネルギー換算することができる．

今までは，各電子数における基底状態のみ考えてきたが，基底状態から励起状態までのエネルギー差よりも V_{sd} を大きくすると，励起状態への遷移も同時に観測することができ，いわゆる励起スペクトルを得ることができる[39)]．図 4.7 は電子数が N から $N+1$ に移り変わる部分のクーロンダイアモンドを拡大して示したもので，実線が図 4.6 と同様に基底状態と電極の共鳴に対応するダイアモンドの境界線である．ここで，例えば右下のエネルギー図のように，電子数 N の基底状態 $|N,g\rangle$ から始めて，$N+1$ 個目の電子が基底状態 $|N+1,g\rangle$ ではなくて，さらに高エネルギーの励起状態 $|N+1,e\rangle$ に入る場合の共鳴が，基底状態と平行な破線に沿って観測される．$|N+1,g\rangle$ と $|N+1,e\rangle$ のエネルギー差は，スピン縮退のない一定相互作用モデルでは $\Delta E(N+1)$ となる．また，図 4.7 右上のエネルギー図のように，電子数 $N+1$ の基底状態 $|N+1,g\rangle$

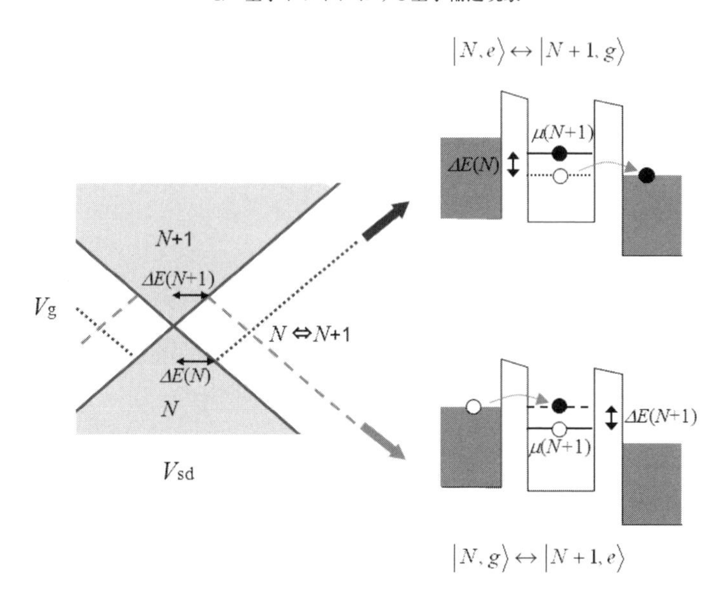

図 **4.7**　クーロンダイアモンドにおける励起状態の観測

から始めて，$N+1$ 個目の電子が $\Delta E(N)$ だけエネルギーの低い下の量子準位から電極に抜け出して，最終的に電子数 N の励起状態 $|N, e\rangle$ に移る場合の共鳴が，上の場合と反対側のダイアモンド境界と平行な点線に沿って観測される．$|N, g\rangle \leftrightarrow |N+1, e\rangle$ を電子的な励起状態遷移，$|N+1, g\rangle \leftrightarrow |N, e\rangle$ を正孔的な励起状態遷移とみることもできる．後で述べるように，大きな $V_{\rm sd}$ を印加して基底状態とともに励起状態を観測するのは有用なスペクトロスコピー手法である．

ここからは，縦型量子ドットを例にとって，そのエネルギースペクトルを詳細にみていこう[37,40]．縦型ドットにおいては，面に垂直な z 方向がヘテロ界面によって強く閉じ込められるので，z 方向に関しては基底サブバンドのみ考えることとして，以後の表式からは省略する．一方，回転対称性を有する xy 面内のゆるやかな閉じ込めは，2 次元調和ポテンシャルでよく記述され，1 電子準位を決定するハミルトニアンは，

$$H = \frac{\hbar^2}{2m}(k_x^2 + k_y^2) + \frac{1}{2}m\omega_0^2(x^2 + y^2) \tag{4.6}$$

その固有値として

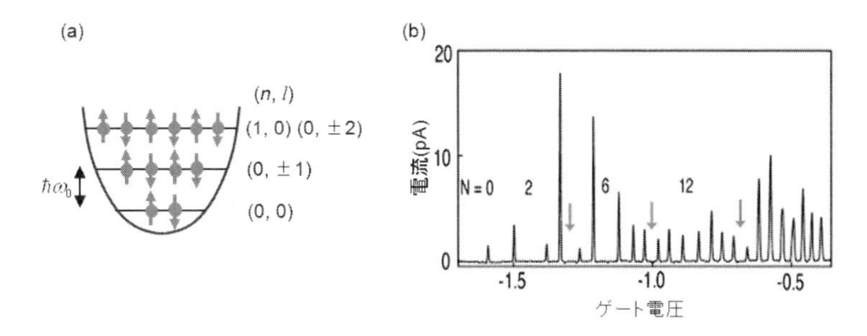

図 **4.8**　(a) 縦型量子ドットにおける調和振動子型閉じ込めポテンシャルと (b) 閉殻構造の現れたクーロン振動スペクトル

$$E_{n,l} = (2n + |l| + 1)\hbar\omega_0 \tag{4.7}$$

が求まる．ここで，m は有効質量（GaAs の場合自由電子の約 0.067 倍），$\hbar\omega_0$ は調和ポテンシャルの閉じ込めの強さを表すエネルギーのパラメータで，通常数百 μeV から数 meV の間の値をとる．また，$n\ (= 0, 1, 2, \ldots)$ は動径量子数，$l\ (= 0, \pm 1, \pm 2, \ldots)$ は角運動量量子数である．上式の $E_{n,l}$ は図 4.8(a) のように $\Delta E = \hbar\omega_0$ の等間隔な準位を与え，最低準位が $(n, l) = (0, 0)$，2 番目の準位が $(n, l) = (0, \pm 1)$，3 番目の準位が $(n, l) = (1, 0)$ と $(n, l) = (0, \pm 2)$ の縮退したものとなっている．したがって軌道のみの縮退度は下から順に 1, 2, 3, ... と増えていくが，実際にはスピンの縮退もあるので，全縮退度は 2, 4, 6, ... と増えていく．

図 4.8(b) は，実際の縦型量子ドットにおいて 200 mK 程度の低温で観測されたクーロン振動特性である．ゲート電圧 −1.6 V 付近に現れている電流ピークが，ドットに入る 1 個目の電子に対応しており，これよりもマイナス側のゲート電圧においてはピークは観測されない．（電子数が 0 に達していなくても，トンネルレート Γ が小さくなることによってピークが観測されなくなるケースが多いが，縦型ドットの場合には後で述べる磁場依存性との比較により，実際に 0 電子に到達していることが確認できている．）このクーロン振動特性を見ると，全電子数 2, 6, 12 でピークの間隔が広がっている．これはエネルギー縮退した各軌道が完全に電子で占有された際に，$\Delta\mu$ が $\hbar\omega_0$ の分だけ増えるせいで，現実の原子スペクトルにおいて観測されている閉殻構造と類似している．さらに，

例えば全電子数 4 においては，すでに $(n,l)=(0,0)$ 状態を占有している 2 個の電子を除いて $(n,l)=(0,\pm1)$ の「殻」に全収容数の半分の 2 個の電子が入っているが，図 4.8(b) 中矢印で示した半閉殻の場合にも若干ピーク間隔が広がっている．これは，電子が異なる軌道にスピンの向きを揃えて入って $S=1$ の高スピン状態となることにより，交換相互作用の分だけエネルギーが安定化するためで，現実の半閉殻原子における「フント則」に対応する．このように，量子ドットは原子との類似性を示すことから「人工原子」と呼ばれることも多い．

以上の人工原子的な振る舞いは，磁場を印加することによってより直接的に検証することができる．理論的には，円盤状の縦型ドットの面に垂直に磁場を印加した際の 1 電子準位は，図 4.9(a) に示したようなフォック・ダーウィン状態

$$E_{n,l}=(2n+|l|+1)\hbar\sqrt{\omega_0^2+\frac{\omega_c^2}{4}}-\frac{l}{2}\hbar\omega_c \tag{4.8}$$

で与えられる[41]．ここで，$\hbar\omega_c\equiv eB/m$ はサイクロトロン振動数である．GaAs の場合，g 因子の絶対値は約 0.4 と小さいため，ゼーマン分裂は無視している．ゼロ磁場で $(n,l)=(0,\pm1)$ などの準位は縮退しているが，磁場とともにその縮退が解ける様子がわかる．強磁場の極限 $\omega_c\to\infty$ ではフォック・ダーウィン状態は通常の 2 次元系におけるランダウ準位に移行する．

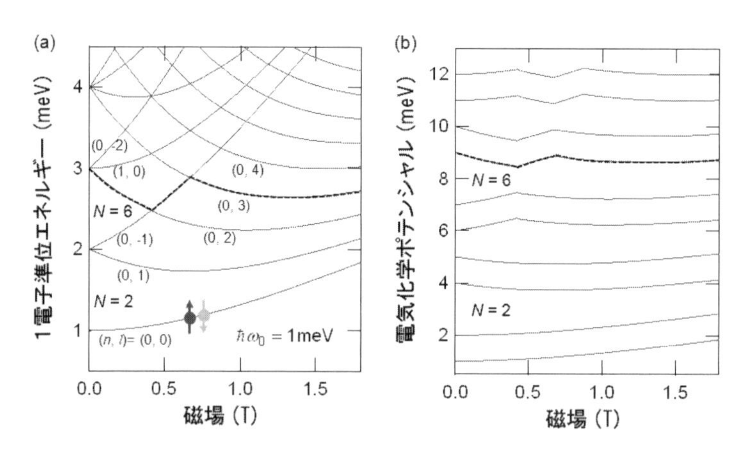

図 4.9　(a) 磁場中におけるフォック・ダーウィン状態と (b) 一定相互作用モデルによる電気化学ポテンシャル

問題 4.2：　任意の l（ただし $l \geq 0$）について，強磁場極限で $(0, l)$ 状態が最低ランダウ準位 $\hbar\omega_{\rm c}/2$ に収束することを確認せよ．

式 (4.8) で $n = 0$ とおくと強磁場極限 $(\omega_c \gg \omega_0)$ で $E_{0,l} = (l+1)\hbar\sqrt{\omega_0^2+\omega_c^2/4} - l\hbar\omega_c/2 \rightarrow (l+1)\hbar\omega_c/2 - l\hbar\omega_c/2 = \hbar\omega_c/2$ となり，最低ランダウ準位に漸近する．

各 $E_{n,l}$ 状態は2重にスピン縮退しているため，例えば7個目の電子は，磁場の増加とともに図 4.9(a) 中に破線で示したように $(n, l) = (0, 2) \rightarrow (0, -1) \rightarrow (0, 3)$ と状態を乗り移っていく．図 4.9(b) は一定相互作用（CI）モデルで計算した電気化学ポテンシャルの磁場依存性で，ゼロ磁場において閉殻構造が現れていること，スピン縮退した二つの準位がペアを組んで平行にエネルギーシフトしていることなどが見て取れる．実際に縦型ドット試料においてクーロン振動特性の磁場依存性を測定すれば，おおまかにはこのようなスペクトルが得られるはずである．図 4.10(a) にクーロン振動ピークの磁場依存性の実験結果を示す[40]．縦軸のゲート電圧は電気化学ポテンシャルとほぼ線形な関係にある．これを見ると，閉殻構造やスピン縮退に由来するペア構造など，図 4.9(b) とよく似てい

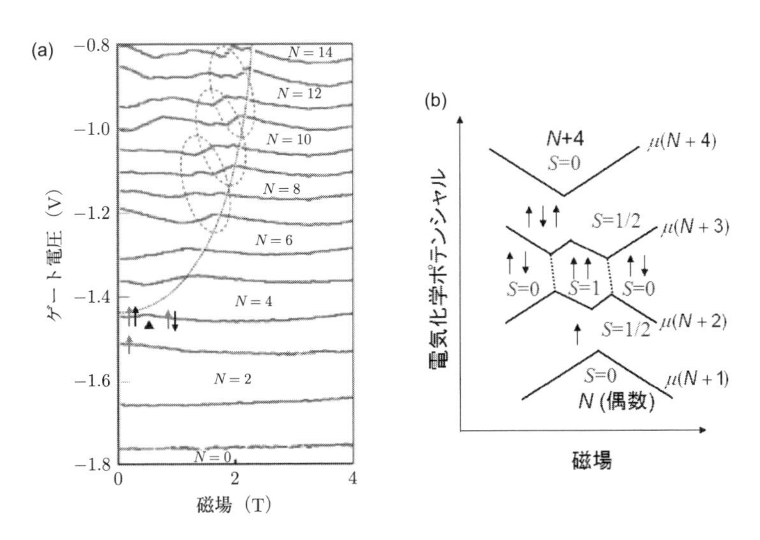

図 4.10　(a) 縦型ドットにおけるクーロン振動ピークの磁場依存性の実験結果．(b) 交換相互作用がある場合の電気化学ポテンシャルの磁場依存性の模式図．

ることがわかる．しかしながら，細かく見ていくと差異も認められ，例えば磁場が約 0.4 T（三角印）以下では $\mu(3)$ と $\mu(4)$ のペア構造が破れている．これは，電子間の多体効果であるクーロン相互作用によるものである．今，ドットの回転対称性のためゼロ磁場で $(n,l)=(0,\pm1)$ の二つの軌道が縮退して第 2 殻を形成しており，合計 4 個までの電子を収容することができる．この第 2 殻に 2 個の電子を収容する場合，片方の軌道に上向きスピン・下向きスピンの電子を 2 個収容しても，両方の軌道に上向きスピンの電子を 1 個ずつ収容しても 1 体のエネルギーは変わらない．しかし，後者の場合にはスピンの向きが揃うことによって交換相互作用の分エネルギーが安定化するので，実際にはこのような $S=1$ のスピン 3 重項状態をとっている．これが，半閉殻におけるフント則である．ここで磁場を強くしていくと，$(0,1)$ 状態と $(0,-1)$ 状態の間のエネルギー差が増加していき，やがてこのエネルギー差が交換相互作用よりも大きくなってしまうと，もはや 3 重項状態は最低エネルギー状態ではなくなる．すると基底状態は $S=0$ のスピン 1 重項状態になり，電子が 2 個とも $(0,1)$ 状態に収容されるので，$\mu(3)$ と $\mu(4)$ のペア構造も復活する．（ドット全体で 3 個目と 4 個目の電子が，それぞれ第 2 殻に収容される 1 個目と 2 個目の電子に対応していることに注意.）以上の 3 重項–1 重項遷移が $B=0.4\,\mathrm{T}$ における $\mu(4)$ のキンクとして観測されているというわけである．図 4.10(a) 中では，第 2 殻に収容される 1 個目の電子のスピンの向きを灰色で，2 個目のものを黒で示してある．こうした 1 重項–3 重項遷移は，ゼロ磁場の軌道縮退に限らず，磁場中で二つのフォック・ダーウィン状態が交差するところでも起こりうる．図 4.10(b) に，磁場中の軌道交差における一般化されたフント則を模式的に示す．交差する二つのフォック・ダーウィン状態を，合計 4 個の電子（電気化学ポテンシャルが $\mu(N+1)$ から $\mu(N+4)$ まで）を収容できる局所的な殻とみなすと，この殻が半分電子で占有された場合に交差磁場近傍でスピン 3 重項が安定化し，$\mu(N+2)$ が下向きにカスプ状にへこむ．次いで 3 個目の電子が入ると $S=1/2$ のスピン 2 重項状態となるが，すでに占有されていない軌道に入るため $\mu(N+3)$ は $\mu(N+2)$ を上下に反転させたような形になる．同様に，$\mu(N+4)$ は $\mu(N+1)$ を反転させた形になり，$S=0$ の閉殻状態となる．このような振る舞いが，図 4.10(a) の実験データにおいて，点線の楕円で囲んだ領域中で観測されている．

4.3 結合量子ドットの量子輸送現象

前節では，人工原子的に振る舞う単一の量子ドットを取り扱ってきたが，二つのドットを結合させて，いわば「人工分子」を作るというのが自然な発展である[42]．まず，図 4.11 のような等価回路で現される直列 2 重ドットの古典的な伝導特性を考えてみよう．ドット 1 の電子数 N_1 はゲート電圧 V_{g1} で，ドット 2 の電子数 N_2 はゲート電圧 V_{g2} で独立に制御できるようになっている．ドット 2 に N_2 個の電子がいるときに，N_1 個目の電子をドット 1 に付け加えるときの電気化学ポテンシャルを $\mu_1(N_1, N_2)$ とすると，

$$
\begin{aligned}
\mu_1(N_1, N_2) &\equiv U(N_1, N_2) - U(N_1 - 1, N_2) \\
&= \left(N_1 - \frac{1}{2}\right) E_{\mathrm{C1}} + N_2 E_{\mathrm{Cm}} - \frac{C_{\mathrm{g1}} V_{\mathrm{g1}} E_{\mathrm{C1}} + C_{\mathrm{g2}} V_{\mathrm{g2}} E_{\mathrm{Cm}}}{e}
\end{aligned}
\tag{4.9}
$$

同様に，ドット 1 に N_1 個の電子がいるときに，N_2 個目の電子をドット 2 に付け加えるときの電気化学ポテンシャルを $\mu_2(N_1, N_2)$ とすると，

$$
\begin{aligned}
\mu_2(N_1, N_2) &\equiv U(N_1, N_2) - U(N_1, N_2 - 1) \\
&= \left(N_2 - \frac{1}{2}\right) E_{\mathrm{C2}} + N_1 E_{\mathrm{Cm}} - \frac{C_{\mathrm{g1}} V_{\mathrm{g1}} E_{\mathrm{Cm}} + C_{\mathrm{g2}} V_{\mathrm{g2}} E_{\mathrm{C2}}}{e}
\end{aligned}
\tag{4.10}
$$

と書ける．ここで，E_{C1}，E_{C2} はそれぞれドット 1，ドット 2 の帯電エネルギー，E_{Cm} はドット間の静電結合エネルギーである．ここでは簡単のためドット 1

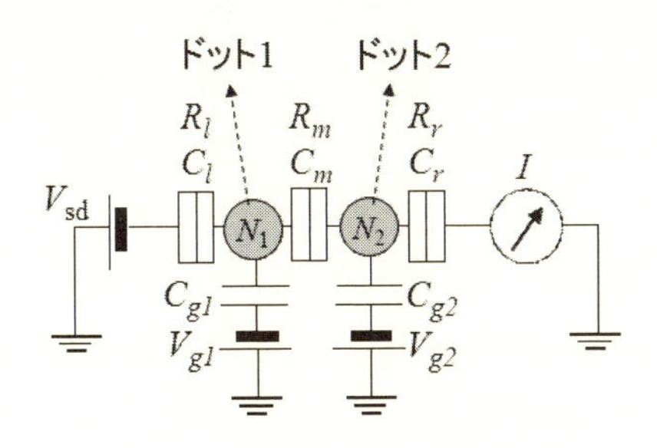

図 4.11 直列 2 重ドットの等価回路

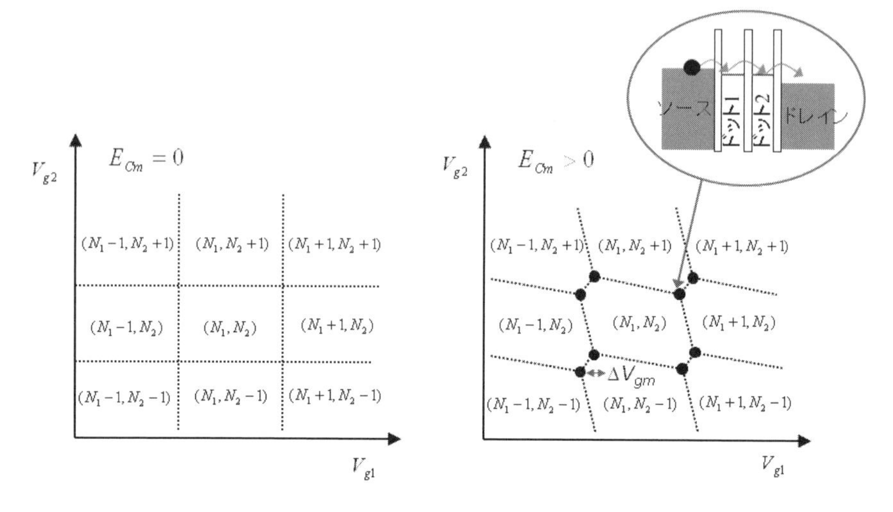

図 **4.12**　2 重ドットの電荷スタビリティーダイアグラム．右図の黒丸は，直列 2 重ドットを電流が流れる 3 重点を示す．

(2) と V_{g2} (V_{g1}) の間のクロスキャパシタンスを無視している．図 4.12 は，各ドットに含まれる電子数の組を，V_{g1} と V_{g2} の関数として模式的に示した電荷スタビリティーダイアグラムである．E_{Cm} が 0 のときは，二つのドットが完全に独立なので，スタビリティーダイアグラムは単に直交する格子状である．しかしながら E_{Cm} が有限になると，ドット間の静電結合のため，例えば $\mu_1(N_1, N_2)$ は相手側のドットの電子数が 1 個少ない $\mu_1(N_1, N_2-1)$ に比べて E_{Cm} だけ高エネルギー側にシフトする（ゲート電圧では ΔV_{gm} に相当）．このとき，電子数の組 (N_1, N_2) が安定となる領域の境界は六角形になり，全体としてハニカム構造を形成する．直列 2 重ドットを電流が流れることが可能なのは，例えば $\mu_1(N_1+1, N_2) = \mu_2(N_1, N_2+1)$ となって，両方のドットのクーロンブロッケードが同時に破れた場合で，スタビリティーダイアグラム上では 3 本の境界線が交わった 3 重点（triple point，矢印）に対応している．この場合には，各ドットの電子数が $(N_1, N_2) \to (N_1+1, N_2) \to (N_1, N_2+1) \to (N_1, N_2)$ と遷移することによって，ソース電極からドレイン電極へ電子が運ばれる．

上の直列 2 重ドットに対して，図 4.13(a) のように二つのドットがソース・ドレイン電極の間に並列に挿入されている場合には，少なくともどちらか片方の

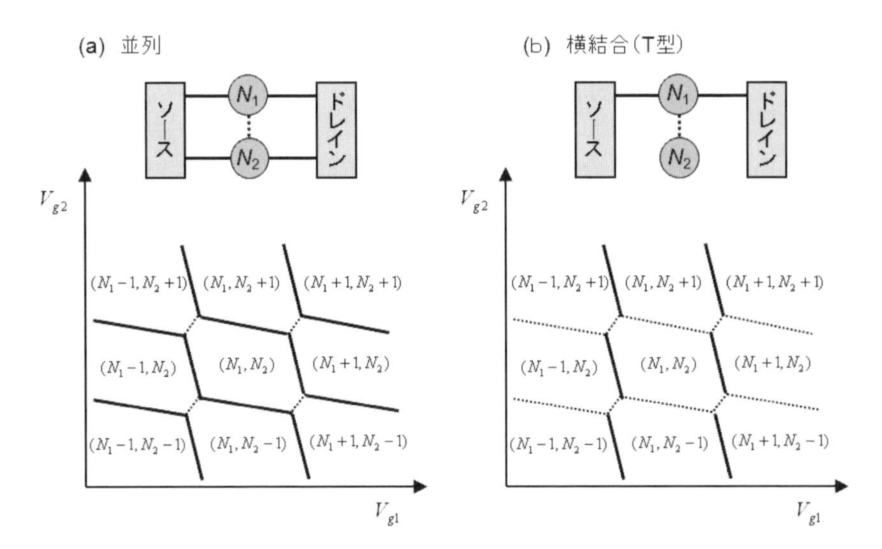

図 4.13　(a) 並列 2 重ドット，ならびに (b) 横結合 2 重ドットにおける電荷スタビリティーダイアグラム．実線で示した境界線部分でのみ電流が流れる．

ドットの電気化学ポテンシャルが伝導窓に入れば電流が流れるので，全電子数の変化するスタビリティーダイアグラムの境界線上ではどこでも電流が観測される．直列 2 重ドットではドット 1 とドット 2 の AND をとるので 3 重点でしか電流が流れないが，並列 2 重ドットでは両者の OR をとるので，上記のより広い範囲で電流が流れるわけである．並列 2 重ドットの変形版として，図 4.13(b) のように片方のドットのみソース・ドレイン電極と接続された，横結合ドットというものも考えられる．ソース・ドレイン電極に接続されているのがドット 1 だとすると，図で示したように，ドット 1 の電子数が変化する境界線上でのみ電流が観測される．図 4.12 や 4.13 で示したスタビリティーダイアグラムはクーロンブロッケードが完全な場合であるが，実際の試料においては，ドット内外の 2 個の電子が同時にトンネルする高次のトンネル過程（コトンネル）により，クーロンブロッケード領域でも微弱な電流が流れうる．そのような場合には，直列 2 重ドットであっても，並列 2 重ドットに近いスタビリティーダイアグラムが観測されることがある[43)]．

ここまでは，ドット間のトンネル結合を無視した古典的な取り扱いをしてきたが，量子力学的なトンネル結合がある場合には，図 4.14(a) に模式的に示すように，結合軌道（bonding orbital）と反結合軌道（anti-bonding orbital）が形成され，電子は両方のドットに広がって人工分子的に振る舞う．このとき，孤立人工原子のエネルギーに対して，前者のエネルギーは T だけ下がり，後者のエネルギーは T だけ上がる．ここで，T はドット間のトンネル結合の大きさである．結合軌道を symmetric state，反結合軌道を anti-symmetric state とも呼ぶ．一般に各孤立人工原子のエネルギー E_1，E_2 が異なる場合には，結合軌道と反結合軌道の間のエネルギー差は

$$\Delta E = \sqrt{(E_1 - E_2)^2 + (2T)^2} \tag{4.11}$$

で与えられる．人工分子が形成されると，スタビリティーダイアグラムは図 4.14(b) に示すように，3 重点の付近で境界線が丸みを帯びつつシフトし，$E_1 = E_2$ の場合，結合軌道に 1 個目の電子が入るエネルギーと，反結合軌道に 2 個目の電子が入るエネルギーの差は $E_{\rm Cm} + 2T$ に広がる．ただし，ここではスピンは無視している．人工分子が形成されていることは，このようなスタビリティーダイアグラムの変化や，上の ΔE に対応する電磁波の吸収の実験などによって確認されている[44]．

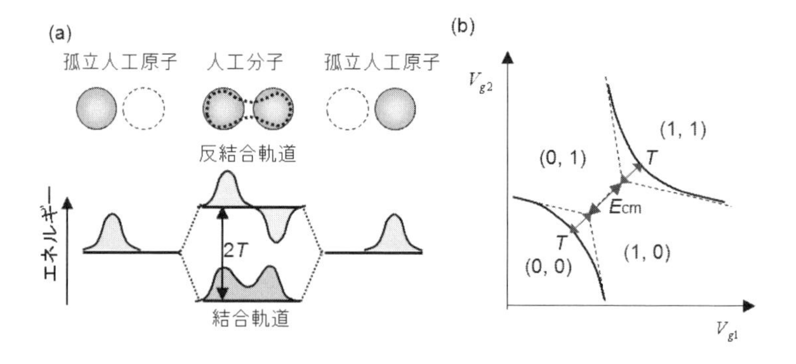

図 4.14　(a) 人工分子の模式図．(b) ドット間トンネル結合がある場合の 2 重ドットの電荷スタビリティーダイアグラム．破線はトンネル結合がない場合のスタビリティーダイアグラムを示している．

4.4　量子ドットのダイナミクス

ここまでは，量子ドットの静的な電気伝導特性について述べてきたが，この節ではその動的な振る舞い——ダイナミクス——の例として，緩和現象について述べていきたい．ここで緩和現象というのは，ドットを一時的に励起状態にし，そこから最低エネルギーの基底状態へ遷移する過渡的現象のことで，遷移の前後でスピンが保存される場合とされない場合の二つに大別される．緩和時間のスケールとしては，スピンが保存されない場合の方が，保存される場合よりも数桁長くなる．

図 4.15(a) に緩和現象測定系の模式図を示す．単一ドットのゲートに同軸ケーブルを通じて図 4.15(b) のような波形を有する高速の電気パルスを印加し，ドットの静電ポテンシャルを瞬時に変調する．ここに示すのは，パルス電圧が高（V_h）・中（V_m）・低（V_l）の 3 種類の間で移り変わるダブルステップパルスの例で，各電圧の持続時間はそれぞれ，t_h，t_m，t_l となっており，高速パルスジェ

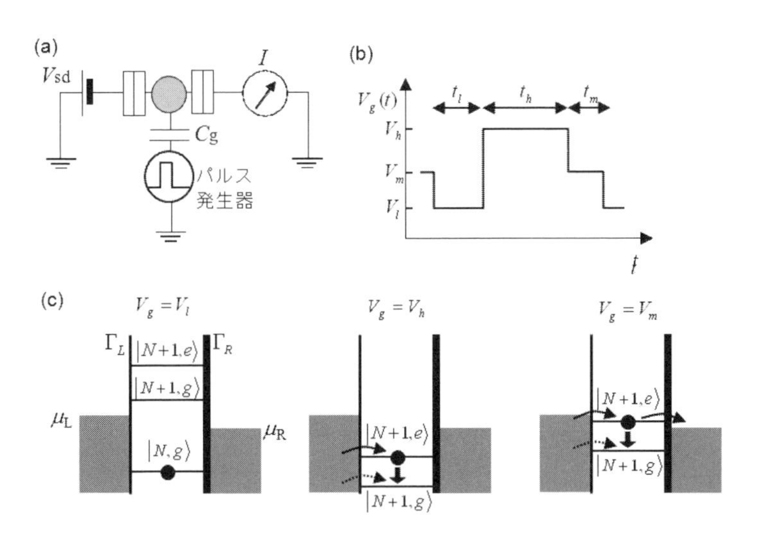

図 4.15　(a) 緩和現象測定系の模式図．(b) ドットのゲート電圧に印加する高速電気パルス信号．2 段階パルスの例を示す．(c) パルスの各段階における，ドットのエネルギー図．

ネレータと高周波測定系を組み合わせることにより，パルスの立ち上がり／下がり時間は 1 ns よりも十分小さくできる．図 4.15(c) に各ゲート電圧におけるドットのエネルギー図を示す．ゲート電圧をうまく選ぶことにより，左のソース側のトンネルレート Γ_{L} に比べ，右のドレイン側のトンネルレート Γ_{R} を十分小さくしておく．簡単のため，ドレインからドットへのトンネルも無視する．また，ソース・ドレイン電極間には温度よりも十分大きなバイアス（典型的には 0.1 meV 程度）を印加しておく．まず，$V_{\mathrm{g}} = V_{\mathrm{l}}$ としてドットを N 電子数の基底状態 $|N, g\rangle$ に準備する（初期化）．次に，瞬間的に $V_{\mathrm{g}} = V_{\mathrm{h}}$ として $N+1$ 電子数の基底状態 $|N+1, g\rangle$，励起状態 $|N+1, e\rangle$ が，ともにソース・ドレイン電極のフェルミエネルギーよりも小さくなるようにする．そうすると，$1/\Gamma_{\mathrm{L}}$ 程度のトンネル時間の間に電子が 1 個ドットに入ってきて，$|N+1, g\rangle$ か $|N+1, e\rangle$ のいずれかの状態を占有する．帯電エネルギーのため，2 個目の電子がドットに入ってくることは許されない．仮に電子が $|N+1, e\rangle$ に入ったとすると，時間 t_{h} の間に一定の割合で $|N+1, g\rangle$ に緩和する．最後に，$V_{\mathrm{g}} = V_{\mathrm{m}}$ として，$|N+1, e\rangle$ のみ伝導窓に入るようにすると，前段階で $|N+1, g\rangle$ への緩和が起こっていない場合のみ，電子がドレインに抜けて電流に寄与する（読み出し）．$|N+1, e\rangle$ を介したトンネルは，電子が $|N+1, g\rangle$ に緩和するか，ソースから直接 $|N+1, g\rangle$ に電子が入るまで時間 t_{m} の間繰り返される．したがって，初期化の時間 t_{l} と読み出しの時間 t_{m} を適当な値に固定し，緩和段階の保持時間 t_{h} を変えながらトンネル電流を測定すると，t_{h} に対するトンネル電流の指数関数的な応答より，$|N+1, e\rangle$ から $|N+1, g\rangle$ への緩和時間を決定することができる．この方法は，光学測定でよく用いられるポンプ・プローブ分光法との類似性から，電気的ポンプ・プローブ法と呼ぶことができる[45)]．ここで述べた 2 段階パルスを用いる方法は，励起状態と基底状態の間でスピン状態が異なる場合のように，典型的なトンネル時間（ns 領域）に比べ緩和時間が大きい場合に適した方法である．後で述べるように，スピン緩和時間は 100 μs 以上の値が報告されている．一方，スピン緩和を伴わない運動量の緩和時間は，音響フォノンを放出する過程が決定し，スピン緩和時間より何桁も短い．このときの緩和時間は，$V_{\mathrm{g}} = V_{\mathrm{h}}$ の段階を省略した 1 段階パルスを用いて，時間 t_{m} に対するトンネル電流の指数関数的な立ち上がりを測定することにより，10 ns 前後の

値が求められている[45]．1段階パルスによる方法は，緩和時間が $1/\Gamma_{\mathrm{L}}$ と $1/\Gamma_{\mathrm{R}}$ の間にある場合に有効である．

図 4.16(a) は，2次元電子ガスを含む GaAs/AlGaAs 基板上に幅 500 nm 程度の細線をドライエッチングで形成し，これに直交するように細い5本のゲート電極を取り付けた横型ドットデバイスの走査電子顕微鏡写真を，パルス測定系の模式図とともに示したものである[46]．この試料は本来2重量子ドットとして動作するよう設計されたものであるが[47]，ここでは右側の3本のゲートのみ用いて，図中白丸で示す位置に単一量子ドットを形成している．まず，電気的ポンプ・プローブ法を行う前に，通常の DC 測定によってドットの電子状態を明確にしておく必要がある．図 4.16(b) は，100 mK 以下の低温においてソース・ドレイン電圧 1 mV を印加して測定したこの試料の励起スペクトルである(励起スペクトルの説明は図 4.7 を参照のこと)．ゲート電圧 V_{L}，V_{R} を調整して，10 個程度の偶数個の電子が含まれる領域を観測している．点線で示した基底状態は，図 4.10(b) の $\mu(N+2)$ と同様なカスプ形状を示しており，磁場の増加とともにスピン状態が1重項 → 3重項 → 1重項と移り変わっている．一方，大きなソース・ドレイン電圧を印加しているため，基底状態とのエネルギー差が 1 meV 以下である複数の励起状態も同時に観測されている．基底状態がスピ

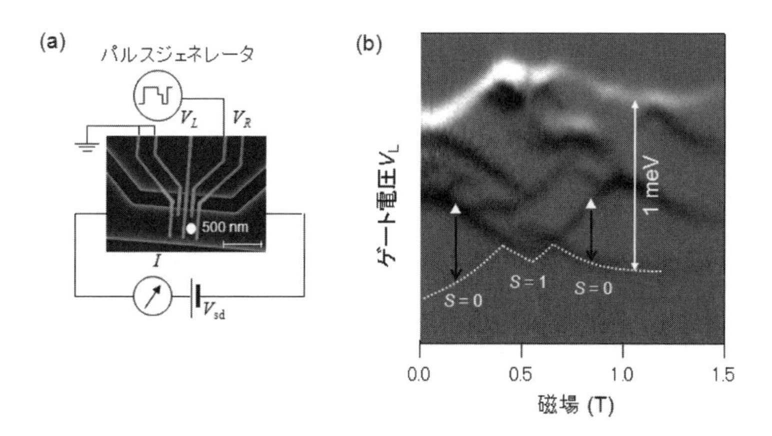

図 4.16 (a) 横型量子ドットを用いたパルス測定系の模式図．(b) ソース・ドレイン電圧 1 mV を印加して測定した励起スペクトル．伝導度をゲート電圧で微分した量をグレースケールプロットしている．

ン1重項のときの第1励起状態（図中三角印）は，異なる軌道に同じ向きのスピンを有する電子が入ったスピン3重項で，矢印で示したような緩和過程はスピンの反転を必要とする．

図4.17(a)は，ドットのゲート電極に図4.15(b)のような2段階パルスを印加して，電気的ポンプ・プローブ測定を行った際の，スピン3重項励起状態から1重項基底状態への緩和過程の様子である．1パルスサイクルあたりにドットをトンネルする平均電子数n_tが待ち時間$t_{\rm h}$に対して指数関数的に減少し，その時定数より緩和時間$\tau_{\rm s}$が90 μsと求まっている．図中実線は，実験データにフィットさせた指数関数$n_t \propto \exp(-t_{\rm h}/\tau_{\rm s})$である．このように長い緩和時間となっているのは，3重項状態から1重項状態へ緩和するためにはフォノンを放出するだけでは不十分で，何らかのスピン反転メカニズムを必要とするためである．ここでは，図4.17(a)の挿入図に模式的に示すように，クーロンブロッケード状態にあるドットとソース・ドレイン電極との間で，逆向きスピンを有する電子を交換するコトンネル過程が主要因となってスピン緩和が起こっていると考えられる．コトンネル過程による緩和時間は，全トンネルレートを$\Gamma_{\rm tot} = \Gamma_{\rm L} + \Gamma_{\rm R}$としたときに$1/\Gamma_{\rm tot}^2$に比例することが知られているので，ゲート電圧で$\Gamma_{\rm tot}$を小さくすることによってコトンネルを抑制することができる．図4.16(b)は，

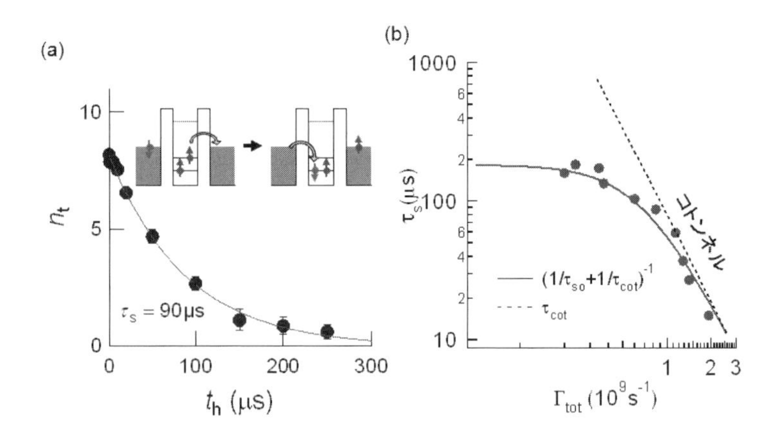

図4.17　(a) 1パルスサイクルあたりの平均トンネル電子数n_tの緩和待ち時間$t_{\rm h}$依存性．挿入図はコトンネルによるスピン緩和の模式図．(b) スピン緩和時間のトンネルレート依存性．

緩和時間の$\Gamma_{\rm tot}$依存性を測定した結果で，$\Gamma_{\rm tot}$が大きい領域ではコトンネルが支配的となるため，点線で示したように緩和時間$\tau_{\rm s}$が$1/\Gamma_{\rm tot}^2$に比例しているが，$\Gamma_{\rm tot}$を小さくしていくと$\tau_{\rm s}$は$200\,\mu$s弱程度の一定値に近づく様子がわかる．図中実線で示したのは，緩和時間をコトンネルによる寄与$\tau_{\rm cot}$と$\Gamma_{\rm tot}$によらないそれ以外の寄与$\tau_{\rm SO}$に分けて記述した理論式$\tau_{\rm s} = (1/\tau_{\rm SO} + 1/\tau_{\rm cot})^{-1}$である．コトンネルが抑制された領域における緩和時間$\tau_{\rm s} \simeq \tau_{\rm SO}$は，主にスピン軌道相互作用によるスピン反転を反映しているものと考えているが，他にも核スピンと電子スピンの間の超微細相互作用による寄与もありうる．

ここで紹介した，高速電気パルスを印加して量子ドットの電子状態・電荷状態を瞬時に遷移させる手法は，後の章で出てくる種々の量子ビットの制御においても，不可欠な実験的手法となっている．

4.5　スピン相関と近藤効果

通常，金属の温度を下げていくと，格子振動の減少に伴ってその電気抵抗は減少し，超伝導転移するものを除けば，低温極限においては残留不純物散乱などで決まる一定値に近づくはずである．ところが，鉄などの磁性不純物を微量に含んだ金属においては，低温で再び電気抵抗が増大に転じるという一見奇妙な現象が1930年代から観測されていた．この「抵抗極小現象」の物理的メカニズムは長らく謎であったが，1964年に近藤淳により初めて理論的に解明された[48]．その内容は，局在した磁性不純物の有するスピン$\boldsymbol{S}$と，やはりスピン$\boldsymbol{s_j}$ $(|\boldsymbol{s_j}| = 1/2)$を有する遍歴伝導電子との反強磁性的な交換相互作用（sdハミルトニアン）

$$H_{\rm sd} = 2J \sum_j \boldsymbol{s_j} \cdot \boldsymbol{S} \tag{4.12}$$

に由来する電子散乱を2次のボルン近似まで取り入れると，温度の対数に比例する抵抗成分が導き出され，これが抵抗極小現象を引き起こすというものである（Jは局在スピン–伝導電子スピン間の結合定数）．以降，この抵抗極小現象は「近藤効果」と呼び習わされて今日に至っている．近藤効果が発現する温度は近藤温度（$T_{\rm K}$）と呼ばれ，

$$k_{\mathrm{B}}T_{\mathrm{K}} = D\exp\left(-\frac{1}{2\rho J}\right) \tag{4.13}$$

で与えられる．ここで，D はバンド幅，ρ はフェルミ面における状態密度である．近藤温度よりも十分低い温度のときには局在スピンと伝導電子はスピン 1 重項（近藤 1 重項）を組み，前者は後者によって遮蔽されることになる．

さて，量子ドットにおいて電子を 1 個ずつ離散的なエネルギー準位に付け加えていくと，ドット内の電子数が奇数か偶数かによって磁気的性質が異なってくる．ドットに含まれる全電子数が偶数の場合は，一般に上向きスピンと下向きスピンが打ち消し合ってしまうが，奇数の場合は一番上の準位にペアを組まないスピン 1/2 が残るため，人工的に作られた単一磁性不純物として振る舞う．したがって，ソース・ドレイン電極中の伝導電子とのスピン相関に由来して，同様な抵抗異常 = 近藤効果が低温電気伝導特性において現れることが理論的に示され[49)]，実際に実験においても確認されている[50)]．特に量子ドットの場合には，ゲート電圧や磁場などの外部パラメータにより，ドットの磁気的性質（スピンの大きさ），ドット–電極間の相関の強さ，局在準位のエネルギー，ソース・ドレイン電極の非平衡性，さらには軌道の縮退度など，バルク金属では不可能であった様々なパラメータを自在に変えられるのが大きな特長となっている[51)]．以下，詳しくみていこう．

図 4.18 は，クーロンブロッケード状態にあって電子を 1 個含みスピン 1/2 を有する量子ドットが，近藤効果によって電気伝導を起こす様子を説明したエネルギー図である．①が始状態，②と②' が中間状態，③が終状態である．μ は化学ポテンシャル，ϵ_0 はドットの離散準位のエネルギーである．仮にドットから電子が右の電極に抜けようとすると（②），系全体のエネルギーは $\epsilon_1 = \mu - \epsilon_0$ だけ高くなってしまうし，左の電極から電子がドットに入ってこようとしても（②'），$\epsilon_2 = U + \epsilon_0 - \mu$ だけエネルギーが高くなってしまうので，通常はこれらの過程は禁止されている，すなわち帯電エネルギー U によってクーロンブロッケードされている．（ここで，$\epsilon_1 + \epsilon_2 = U$ である．）しかし，ドットとソース・ドレイン電極間のトンネル結合が十分強く，系の温度が近藤温度 T_{K} 以下になると近藤 1 重項が形成されるので，中間状態②と②' を経て終状態③に遷移する高次のトンネル過程が可能となってくる．そうすると，正味に電子が 1

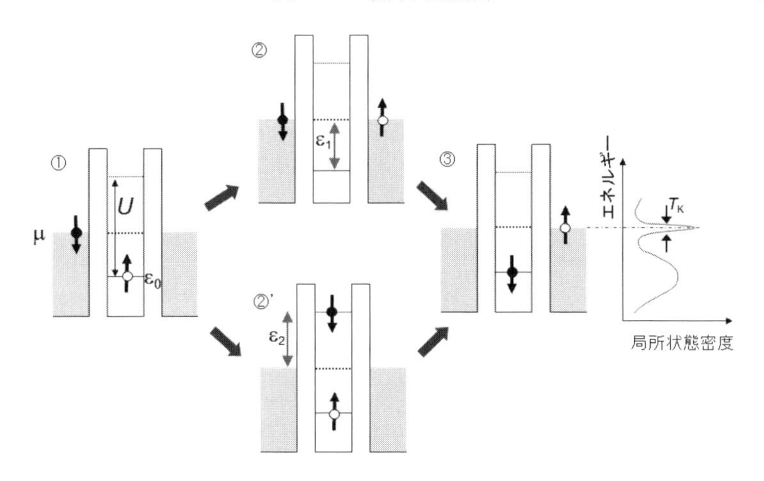

図 4.18　近藤効果による伝導プロセスを示すエネルギー図と，局所状態密度の模式図

個ドットを経由して左から右の電極へ移動し，伝導度が増大する．この過程は，図中点線で示したように，多体効果によって形成されたフェルミ面上の仮想的な準位を介してトンネルが起こっているように見えるため，局所状態密度においては，終状態の右に模式的に示したように，フェルミエネルギーにおいて幅 T_{K} 程度のピーク（近藤ピーク）が形成される．近藤効果はコトンネルの一種とみることができるが，スピンのコヒーレンス（1 重項状態）が保たれている点が特徴である．

今，ドット・電極間の遷移の行列要素を V とすると，$\Gamma = \Gamma_{\mathrm{L}} + \Gamma_{\mathrm{R}} = 2\pi\rho V^2$，$J = V^2\,(1/\epsilon_1 + 1/\epsilon_2)$ なので，式 (4.13) を

$$k_{\mathrm{B}}T_{\mathrm{K}} = \frac{\sqrt{\Gamma U}}{2}\exp\left(-\frac{\pi\epsilon_1\epsilon_2}{\Gamma U}\right) \tag{4.14}$$

と，ドットに付随したパラメータで書き直すことができる．特に，$\epsilon_1 = \epsilon_2 = U/2$ で，いわゆる粒子–空孔対称の条件になっているときに近藤温度は最低値

$$k_{\mathrm{B}}T_{\mathrm{K}}^{\min} = \frac{\sqrt{\Gamma U}}{2}\exp\left(-\frac{\pi U}{4\Gamma}\right) \tag{4.15}$$

をとるので，実験を行う際には電子温度を上記 $T_{\mathrm{K}}^{\min}$ よりも低くする必要がある．

そのような条件下で近藤効果が発現している量子ドットにおいて，伝導度の様々なパラメータ依存性を模式的に示したのが図 4.19 である．（今後，伝導度

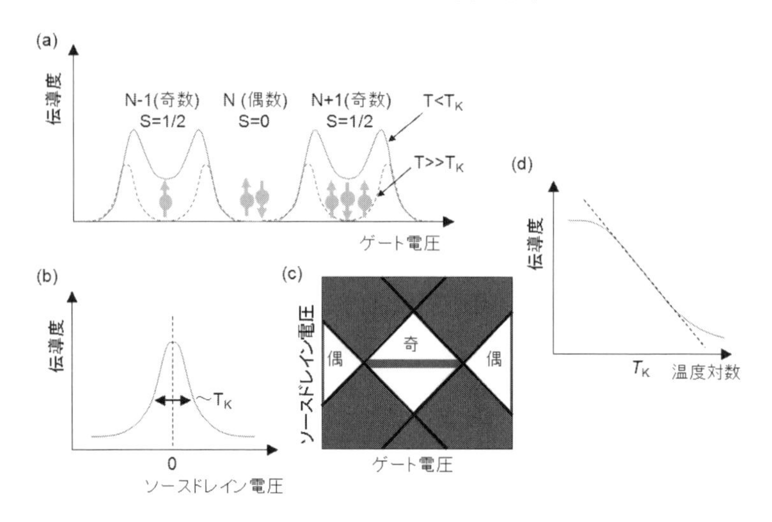

図 **4.19**　量子ドットにおいて近藤効果が起こっていることを示す (a) クーロン振動，(b) ゼロバイアスピーク，(c) クーロンダイアモンド，および (d) 温度依存性

は微分伝導度 $G = dI/dV_{\mathrm{sd}}$ を意味するものとする.）まず図 4.19(a) はクーロン振動特性で，ドットが奇数個の電子を含みスピン 1/2 を有するクーロンブロッケード谷（電流ピークで挟まれた領域）においてのみ，$T < T_{\mathrm{K}}$ で近藤効果が起こり，クーロンブロッケードが破れて伝導度が増大する．0 次元量子準位に縮退がなければ，電子数の偶奇に対応して，1 個おきのクーロンブロッケード谷で近藤効果による伝導度増大が観測される．次に，ゲート電圧を近藤効果が起こっている奇数電子数の谷（近藤谷）に固定し，ソース・ドレイン電圧を掃引すると，図 4.19(b) のように $V_{\mathrm{sd}} = 0$ に幅 T_{K} 程度のゼロバイアスピークが観測される．微分伝導度は局所状態密度を反映するので，このピークは図 4.18 に示したフェルミ面上の近藤状態密度ピークを見ていることに対応する．ここで外部磁場を印加すると，スピンアップ・ダウン状態間の縮退が解けてゼーマン分裂するので，$V_{\mathrm{sd}} = 0$ における近藤効果は抑制され，ソース・ドレイン電圧がゼーマン分裂を補償した非平衡な位置 $V_{\mathrm{sd}} = g\mu_{\mathrm{B}}B$ に近藤ピークがシフトする（μ_{B} はボーア磁子）．ただし，GaAs では $|g|$ が 0.4 程度と小さいので，図 4.9(a) のフォック・ダーウィン状態で記述される軌道エネルギーの変化に比べて，無視できる場合が多い．以上のソース・ドレイン電圧依存性，ならびに

ゲート電圧依存性を合わせて 2 次元プロットすると，図 4.19(c) のクーロンダイアモンド特性が得られる．白い部分がクーロンブロッケードによって伝導が抑制されている領域である．近藤効果が起こっていない図 4.6 のクーロンダイアモンドと大きく異なるのは，電子数が奇数個のクーロンブロッケード領域においてのみ，$V_{\mathrm{sd}} = 0$ に沿って尾根状に幅 T_{K} の近藤ゼロバイアスピークによる高伝導度領域が観測される点である．ここでゲート電圧で ϵ_0 を変化させても，局所状態密度の近藤共鳴ピークは常にフェルミ面に張り付いている，すなわち近藤谷内で常に共鳴が維持されるため，ゲート電圧方向にはクーロン振動ピークをなだらかにつなぐ形で伝導度の増大が起こることに注意したい．最後に図 4.19(d) に示すのは近藤ゼロバイアスピークの大きさを温度の対数に対してプロットした模式図で，近藤温度付近で $\log T$ に線形に伝導度が増大し，低温極限で一定値に漸近する．この低温極限を「ユニタリリミット」と呼び，理想的には完全透過となって $\Gamma_{\mathrm{L}} = \Gamma_{\mathrm{R}}$ であれば伝導度は $2e^2/h$ に到達する[52]．そもそも高温ではクーロンブロッケードであったことを考えると，これは劇的な変化である．近藤温度が異なる条件（例えば，同一の近藤谷内で ϵ_0 を変えた場合）で得られた図 4.19(d) のような温度依存性でも，温度を近藤温度で規格化することにより，

$$\frac{G}{G_0} = \left[1 + (2^{1/s} - 1)\left(\frac{T}{T_{\mathrm{K}}}\right)^2\right]^{-s} \tag{4.16}$$

というユニバーサルな関数で統一的に記述できる[53]．ここで，G_0 は低温極限での伝導度である．また通常のスピン 1/2 の近藤効果においては，パラメータ s は 0.2 程度の値となることが知られている．以上の振る舞いを実験で観測できれば，量子ドットにおける近藤効果を実証できたと言える．

図 4.20 は，近藤効果の発現した GaAs 横型量子ドットにおいて観測されたクーロン振動の温度依存性 (a)，および低温極限におけるクーロンダイアモンド (b) である[54]．まず図 4.20(a) のクーロン振動において，温度 $T = 700\,\mathrm{mK}$ において，Γ を大きくしているせいで幅が太くなったクーロン振動ピークが 4 本観測されている．矢印で示しているのが奇数電子数の谷で，温度を下げていくと近藤効果によって谷の伝導度が増大し，低温極限ではほぼ $G = 2e^2/h$ のユニタリ極限に到達している（図 4.19(a) に対応）．実験でユニタリ極限に到達

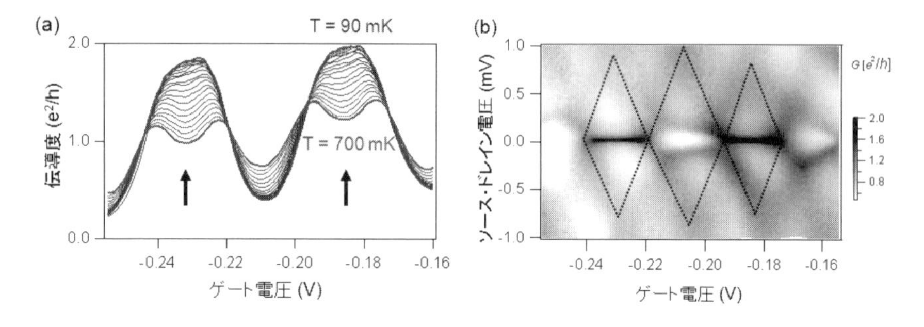

図 4.20　近藤効果が起こっている GaAs 横型量子ドットにおける (a) クーロン振動，および (b) クーロンダイアモンド．(b) の点線はクーロンダイアモンドのエッジを示している．

するのはかなり困難で，これまでの報告例も限られていたが，ここでは表面から 50 nm と従来よりも浅い位置に 2 次元電子ガスが形成されたウエハを用い，ゲート電極で定義したドット領域も 100 nm × 100 nm 以下と小さくすることによって，観測に成功している（空乏層広がりがあるため，実際のドットサイズはこれよりもさらに小さくなる）．図 4.20(b) は同じゲート電圧領域で測定したクーロンダイアモンド特性で，近藤谷内にのみ尾根状のゼロバイアスピークが明瞭に観測されている（図 4.19(c) に対応）．

これまでみてきたように，量子ドットで近藤効果が起こると，バルク金属の場合とは逆に伝導度が増大，すなわち抵抗が減少する．これは，量子ドットにおいてはそもそも高抵抗のクーロンブロッケード状態からスタートしているので，近藤効果によるスピン散乱は，前方散乱的に伝導度を増大させる方向に働くためと理解できる．図 4.21(b) に模式的に示したように，このようなソース電極とドレイン電極にドットが挟まれた通常の配置を「埋め込み型」と呼ぶこともある．しかしながら，ドットが細線の横にトンネル結合したような試料構造においては，バルク金属と同様な近藤効果の現れ方をする[55]．図 4.21(a) はそのような横結合型ドットにおいて観測された，近藤効果の測定例である[56]．挿入図の SEM 写真に示す通り，中央の 4 本のくさび形ゲート電極で形成した細線（実際は量子ポイントコンタクト，挿入図中点線）の横に，量子ドット（挿入図中の白丸）をトンネル結合させた試料構造となっている．図 4.21(a) に示す測定データは，100 mK 以下の低温において細線領域の伝導度を，ドットの電子

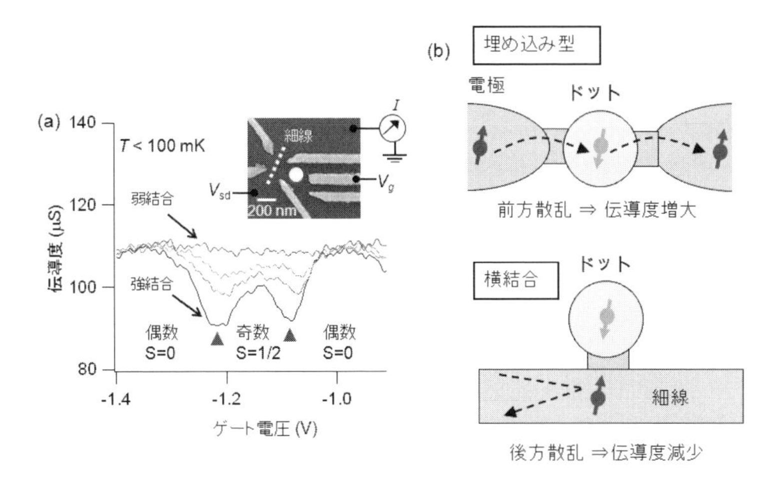

図 **4.21** (a) 細線に横結合した量子ドットにおいて観測された反近藤効果. (b) 埋め込み型量子ドットと横結合型量子ドットにおける近藤効果の違いを表した概念図.

数を変えるゲート電圧 V_{g} の関数としてプロットしたものである．これまでのように，ドットを通過する電流ではない点に注意したい．ドットと細線が強くトンネル結合しているとき（図中強結合）には，二つの三角印で示した位置に，伝導度のディップ構造が現れている．これは通常の埋め込み型ドットにおけるクーロン振動ピークに対応しているが，細線とドットの間の量子干渉に起因するファノ共鳴[57]によって，伝導度ピークではなくディップとして観測されている．したがってディップの位置でドットに含まれる電子数が 1 個変わり，二つのディップで挟まれた領域で電子数は奇数個，スピン 1/2 となっている．注目すべきは，両外側の偶数電子数でスピン 0 の領域に比べて，二つのディップに挟まれた奇数電子数領域の伝導度が一段と小さくなっている点である．これは，ドットがスピン 1/2 を有するために近藤効果が起こって細線中の伝導電子とスピン 1 重項を組み，後方散乱を増大させているためと理解できる．図 4.21(b) に模式的に示したように，これは定性的にはバルク金属と同様な，近藤効果による高抵抗化の振る舞いとなっている．図 4.21(a) の波形は，ちょうど図 4.20(a) の埋め込み型ドットのクーロン振動特性を上下反転させたような格好をしているところから，反近藤効果，あるいはファノ・近藤反共鳴とも呼ばれる．今，試料面に垂直に磁場を印加することによってドットと細線のトンネル結合を弱めると，図 4.21(a) のように反近藤効果の特性は徐々に弱くなり，磁場を 0.3 T 印加した場合（図中弱結合）には，ドットの影響はほぼ完全に失われ，本来の細線のみの伝導特性が復活する．ちなみに，ここで細線中のモード数（1 次元サブバンド数）は 1 と 2 の間である．

問題 4.3： 図 4.13(b) に示した横結合 2 重ドットにおいて，ソース・ドレイン電極と直接結合したドットが近藤効果を示していると仮定する．これに，2 番目のドットを横からトンネル結合させると，近藤効果にどのような影響を及ぼすか予測してみよ．

例えば，2 番目のドットの離散準位に由来するファノ共鳴による近藤効果の変調や，二つのドット間の分子結合と近藤効果の競合など．

4.6 軌道縮退を伴う近藤効果

ここまで述べてきた近藤効果は，スピン $S = 1/2$（2 重項）の奇数電子数のときに起こるものであるが，偶数電子数では $S = 0$（1 重項）や $S = 1$（3 重項）になり，通常は近藤効果は観測されない．図 4.22(a) は図 4.10(b) にすでに示した電気化学ポテンシャルの磁場依存性の模式図である．GaAs 系ではゼー

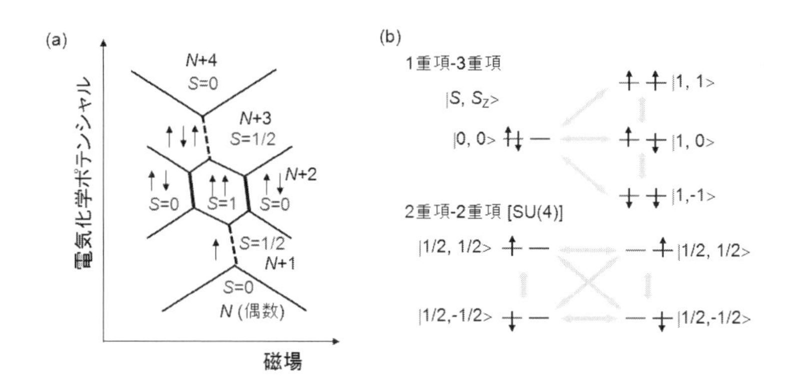

図 4.22 (a) 電気化学ポテンシャルの磁場依存性の模式図．実線は 1 重項–3 重項縮退，破線は 2 重項–2 重項縮退を示す．(b) 1 重項–3 重項縮退（上）と 2 重項–2 重項縮退（下）における状態遷移図．2 本の横棒は異なる軌道，上向き矢印，下向き矢印はそれぞれアップスピン，ダウンスピンを表している．

マン分裂が小さいので，通常量子ドットの実験を行うような数 T 程度の磁場においては，$S=1$, $S_z=-1, 0, +1$ の 3 種類の 3 重項状態は実質的に縮退しているとみなせる．したがって，偶数電子数 $N+2$ のクーロンブロッケード領域において，実線で示した $S=0$ と $S=1$ の境界においては $S=0$, $S_z=0$ の 1 重項と，$S=1$, $S_z=-1, 0, +1$ の 3 種類の 3 重項が合計 4 重縮退していることになる．この場合，図 4.22(b) の上図に示したように，関与する状態数が四つに増えたことを反映して，$S=1/2$, $S_z=-1/2, +1/2$ の 2 状態のみ関与する通常の近藤効果よりも T_{K} が上昇することが明らかにされており[58, 59]，singlet–triplet（S–T）近藤効果と呼んでいる．同様に，もともと通常の近藤効果が起こる奇数電子数においても，図 4.22(a) 中の破線で示した部分においては二つの軌道が縮退するので，図 4.22(b) の下図に示すように，やはり合計 4 重縮退となる．この場合も増大した状態数を反映して T_{K} が上昇するが，特に SU(4) という特殊ユニタリ群の対称性を満たすことから，SU(4) 近藤効果と呼ばれる[60]．（通常の $S=1/2$ の 2 重項近藤効果を SU(2) 近藤効果と呼んでもよい．）一般に N 重縮退した SU(N) 近藤効果の近藤温度は，式 (4.13) を一般化した下記で与えられる．

$$k_{\mathrm{B}}T_{\mathrm{K}} = D\exp\left(-\frac{1}{N\rho J}\right) \tag{4.17}$$

状態数 N が指数関数の引数に入っているため，N が 2 倍になっただけでも T_{K} が著しく増大することがわかる．

図 4.23 は，希釈冷凍機を用いて縦型量子ドットを 100 mK 以下に冷却して測定した，電気伝導度のゲート電圧・磁場依存性をグレースケールプロットしたものである[61]．ここでは図 4.8 や図 4.10 に測定データを示した試料よりも，ドットとソース・ドレイン電極間のトンネル結合 Γ を大きくして，測定温度よりも高い T_{K} が得られるように設計した試料を用いている．スピン縮退を反映して，クーロン振動ピークを示す黒いストライプが 2 本ずつ，軌道交差に伴って折れ曲がりながら横方向に走っている．図 4.22(a) において $N=14$ としたときの，対応する電気化学ポテンシャルを白い点線で実験データに重ねて示している．ちょうど図 4.22(a) 実線の 1 重項–3 重項縮退（$N=16$），ならびに破線の 2 重項–2 重項縮退（$N=15, 17$）に対応する部分で，それぞれ S–T 近藤効果，な

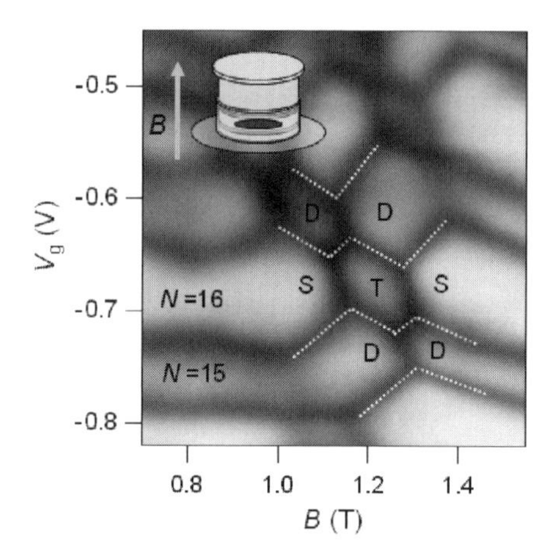

図 4.23 軌道縮退を伴う近藤効果を示す縦型量子ドットの実験結果．伝導度のゲート電圧・磁場依存性をグレースケールで示しており，黒い部分ほど伝導度が大きい．図中 S, D, T はそれぞれ 1 重項 (singlet)，2 重項 (doublet)，3 重項 (triplet) を示す．

らびに SU(4) 近藤効果が起こり，クーロンブロッケードが破れて伝導度が大きくなっている様子がわかる．これらの軌道縮退は外部磁場によって誘起されたものであることから，S–T 近藤効果や SU(4) 近藤効果を磁場誘起近藤効果とも呼ぶ[62)]．この試料においては，$N = 15, 17$ で期待される通常の 2 重項近藤効果は観測されていないにもかかわらず，軌道縮退条件においては，500 mK 以上の SU(4) 近藤温度が得られており，軌道縮退の効果が顕著に表れている．

一方，カーボンナノチューブから作製した量子ドット[63)]においては，g 因子が自由電子同様にほぼ 2 でゼーマン分裂が大きくなり，磁場下の軌道交差においては，$S = 1/2$, $S_z = -1/2, +1/2$ の 2 種類のスピン状態の縮退が解けている．したがって，例えばともに $S_z = -1/2$ で異なる二つの軌道状態が磁場中で交差する際には，スピンの自由度はなくて 2 重の軌道縮退のみが残るが，このような場合には軌道縮退のみが関与した SU(2) 近藤効果（軌道近藤効果）が起こる．このことは，近藤効果が起こるのに必要な内部自由度は，必ずしもスピン自由度でなくても構わないことを示している．

さて，このような縦型量子ドットやカーボンナノチューブ量子ドットでみられた磁場誘起近藤効果は，横型量子ドットでも観測されるだろうか？ 図 4.24

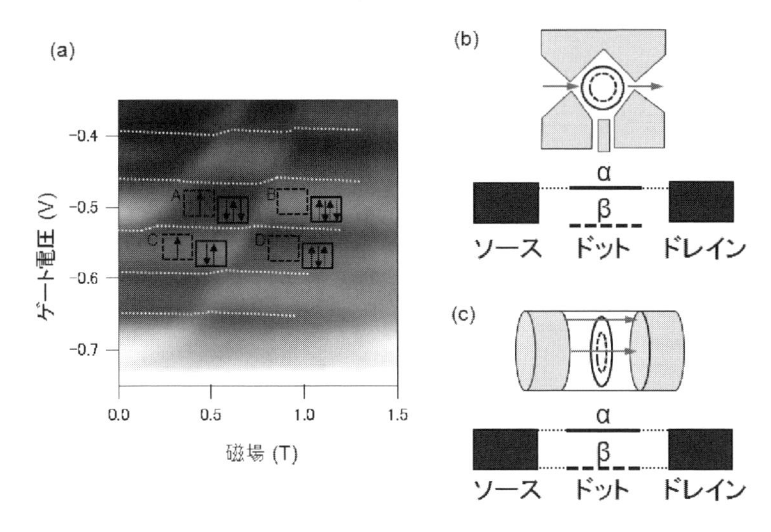

図 **4.24**　(a) 近藤チェスボードを示す磁場中横型量子ドットの実験データ．黒い部分ほど伝導度が大きい．(b) 横型ドットならびに (c) 縦型ドットにおける外側の軌道 α と内側の軌道 β のソース・ドレイン電極との結合を示す模式図．

は，横型量子ドットにおいて，ウエハ面に垂直に磁場を印加して測定した，電気伝導度のゲート電圧・磁場依存性をグレースケールプロットしたものである．図中点線で実験データに重ねて示したのがクーロン振動ピークの位置で，ドット形状が縦型ドットのようなきれいな円形になっていないので，フォック・ダーウィン状態がはっきりとは識別できておらず，またドットに含まれる電子数も確定できていない．それにも増して，縦型ドットの実験データ（図 4.23）と異なっているのは，一定電子数のクーロンブロッケード谷内において，伝導度の大きい部分と小さい部分が磁場とともに入れ替わり，電子数が 1 個異なる隣の谷においては伝導度の大小が逆に現れるので，全体としてチェスボード状のパタンになっている点である．例えば，図 4.24(a) 中の伝導度の大きい A や D の部分においては，ゼロバイアスピークも観測されており，近藤効果が起こっているが，逆に伝導度の小さい B や C の部分においては近藤効果が起こっていない．このことは，奇数電子数においても近藤効果が起こらなかったり，逆に偶数電子数においても近藤効果が起こる場合があることを意味しており，一見奇妙な振る舞いであるが，以下のように説明される[64]．量子ドットに磁場を印加していくと，強磁場の極限で最低ランダウ準位に収束するドットの外側に局在した軌道 α（フォック・ダーウィン状態の $(0,l)$ 状態 $(l=0,1,2,\ldots)$）と，励起ランダウ準位に収束するドットの内側に局在した軌道 β との間で準位交差が起こり，その都度電子が両者の間で再配分される．磁場が強くなるにつれて，電子は軌道 β から軌道 α に移っていき，強磁場極限ではすべての電子が最低ランダウ準位を占有することになる．今，正確な電子数は不明だが，仮に，近藤効果が起こっていない図 4.24(a) 中の領域 C においては，軌道 α（実線のボックス）に電子が 2 個，軌道 β（破線のボックス）に電子が 1 個入っているとしよう．合計電子数が 3 個なので近藤効果が起こりそうなものだが，そうはなっていない．図 4.24(b) と (c) は，それぞれ横型ドットと縦型ドットにおいて，軌道 α，β がソース・ドレイン電極とトンネル結合している様子を模式的に示したものである．横型ドットにおいては，外側の軌道 α のみが強く電極と結合し，内側の軌道 β は電極から切り離される，すなわち近藤効果に関与しない傾向にある．したがって，領域 C において全電子数が 3 であっても，電極と強く結合している軌道 α には 2 個の電子が占有しているので，近藤効果は起こらない．しかしながら，磁場がさらに強くなって全電子数は一定のまま 1 個の電子が β から α に移った領域 D では，軌道 α 中の電子数が 3 個になるので近藤効果が起こる．同様に，全電子数が 4 個の場合も，領域 A では近藤効果が起こり，領域 B では起こらないことが理解される．すなわち，磁場中横型ドットにおいては，全電子数ではなく，外側の軌道を占有する電子数の偶奇が近藤効果の発現を左右し，結果的にチェスボードパタンを生み出していると言える．一方の縦型ドットにおいては，図 4.24(c) に示したように，電極がドットを上下から挟み込むので，軌道 α も β もほぼ同じ強さで電極とトンネル結合しており，チェスボードパタンにはならずに S–T や SU(4) 近藤効果が観測される．

さて，横型ドットにおける近藤チェスボードの説明では，ドット内の軌道のみの外側・内側の空間的な分離を考慮したが，さらに強磁場下では，2 次元電子ガスよりなるソース・ドレイン電極においてもランダウ離散準位化が著しくなり，上向きスピンと下向きスピンのエッジ状態が空間的に分離してくる．通常，近藤効果が起こるためには，上向きスピンと下向きスピンが両方とも電極に存在することが必要だが，上のようなスピン分離した状況では，一方のスピンしかドットと強く結合できなくなるため，近藤効果が弱くなる効果も観測されている[65]．

これまで，単一量子ドットにおける複数軌道が関与した近藤効果を述べてきたが，静電的に強く結合した 2 重量子ドットにおいても，各ドットにおける単一軌道のエネルギーを（磁場ではなく）ゲート電圧によって調整し，互いに縮退させることによって複数軌道の近藤効果を発生させることができる．スピンの自由度が関与しない場合は SU(2) 軌道近藤効果となるし[66,67]，スピン・軌道両方の自由度が関与する場合（スピン–軌道近藤効果）は，2 重ドットの電子数 $(1, 0)$ 状態と $(0, 1)$ 状態が縮退すると，合計 4 重縮退となって SU(4) 近藤効果が発現する[68]．（ここで，内殻電子に相当する低エネルギー軌道を充填している電子は近藤効果に関与しないので考慮していない．）また，$(1, 1)$ 状態と $(2, 0)$ 状態が縮退した場合には，前者がスピンを含めて 4 状態あるので合計 5 重縮退となり，やはり顕著な近藤効果が起こる[69]．スピン–軌道近藤効果を実現する際に，図 4.13(a) で示した並列 2 重ドットを用いると各ドットを流れる電流を個別に取り出すことが可能なので，例えば上の $(1, 1)$ と $(2, 0)$ 状態が縮退したスピン–軌道近藤効果を利用することによって，スピン無偏極の共通電極から，逆向きにスピン偏極した電流を別々のドットを通じて取り出すといった，スピンフィルタ動作の可能性が理論的に予測されている[70]．

近藤効果は古くから知られた現象であるが，近年のナノ加工技術の進展に伴う量子ドット系における基礎物性研究の活発化に呼応して，その制御性を生かした近藤効果の新たな側面の開拓など，リバイバルブームとも言える活況を呈している．スピントロニクスなどへの応用面も含め，今後の一層の発展が期待される．

5 量子状態のコヒーレント制御

5.1 は じ め に

半導体量子構造においてはその名の通り，量子力学が実際の実験に現れる場面が多い．量子力学の特徴をさらに積極的に利用して，これまでの古典コンピュータでは解けない問題を解くことができる量子コンピュータを作ろうとする試みが，数学的に量子演算の可能性が指摘されてから加速した．様々な物理系でスピン状態や超伝導状態を量子的にコヒーレントに操作することが実現され，数量子ビットが実現されている．最適化問題を解くために量子アニーリングという手法を超伝導量子系で実現するシステムはカナダの D-Wave 社から販売もされている．一方で，様々な難問に対応できる汎用量子コンピュータに向けたバリアはまだ高い状況にある．そのなかで，量子コンピュータの手前の段階で，少数の量子的結合の利点を活かして高感度計測などに応用していこうとする新しい方向も出現している．これらについては，物理的観点から，あるいは物理を離れた観点から多くの議論があるが，すべてをこの教科書に記載することは不可能である．量子コンピュータの原理も含めて，これらの議論は量子コンピュータに集中した教科書に委ねることとし，本章ではこれまで議論してきた半導体低次元構造を用いた量子操作について，その基礎となる部分について解説する．

5.2 量子 2 準位系のコヒーレント制御

私たちの身の回りの計算は，例えば「電圧が出ている」あるいは「出ていない」

の情報を "1" あるいは "0" として行われている．これをビット（古典ビット）という．大規模計算に用いられているスーパーコンピュータにおいても，使用されているビットはすべて古典ビットであり，その意味で超高性能の古典コンピュータである．これに対して，量子ビットの考え方がある．量子ビットでは，単純な "0" か "1" かではなく，"0" "1" を量子力学的に重ね合わせた中間状態をすべて利用する．このような量子力学的な自由度を利用できる量子ビットを巧みに使うことで，これまでのコンピュータでは解くことが不可能な計算ができるコンピュータ，量子コンピュータが実現できることが期待されている．量子コンピュータでは，例えば桁数が多い因数分解など，これまでのコンピュータ（古典コンピュータ）では解くことのできない問題が解けるようになることが数学的には証明されている．これを受けて，様々なシステムで量子ビットが実現され，量子コンピュータの実現に向けた多くの試みが進められているが，量子力学的な重ね合わせ状態を保ったまま多数の量子ビットを実現し操作することは現時点ではまだ難しい．

量子ビットを実現する基礎が量子 2 準位系である．量子 2 準位系のハミルトニアンは

$$H = \frac{\varepsilon}{2}\boldsymbol{\sigma}_z + \frac{\Delta}{2}\boldsymbol{\sigma}_x \tag{5.1}$$

で表すことができる．ここで，$\boldsymbol{\sigma}_x$，$\boldsymbol{\sigma}_z$ はパウリマトリックスで

$$\boldsymbol{\sigma}_x = \begin{pmatrix} 0 & 1 \\ 1 & 0 \end{pmatrix}, \quad \boldsymbol{\sigma}_z = \begin{pmatrix} 1 & 0 \\ 0 & -1 \end{pmatrix} \tag{5.2}$$

で示される．この固有エネルギーは問題 5.1 にあるように $\pm\sqrt{\varepsilon^2 + \Delta^2}/2$ になり，図 5.1 のようになる．

問題 5.1：　ハミルトニアンが式 (5.1) で表されるとき，固有値（固有エネルギー）を計算せよ．

$H|\psi\rangle = E|\psi\rangle$ より，$|\psi\rangle = \binom{a_1}{a_2}$ とおくと，

$$\begin{pmatrix} \varepsilon/2 & \Delta/2 \\ \Delta/2 & -\varepsilon/2 \end{pmatrix} \begin{pmatrix} a_1 \\ a_2 \end{pmatrix} = E \begin{pmatrix} a_1 \\ a_2 \end{pmatrix}$$

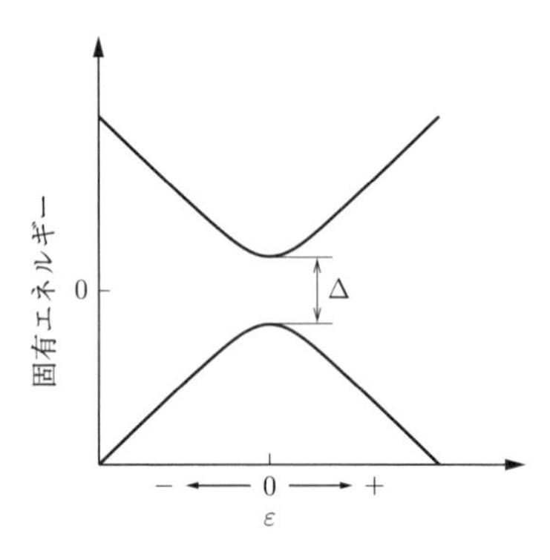

図 5.1 式 (5.1) で表されるハミルトニアンのエネルギー固有値

これが，$a_1 = a_2 = 0$ 以外の解を持つ条件より，

$$E = \pm \frac{\sqrt{\varepsilon^2 + \Delta^2}}{2}$$

$|\varepsilon| \to \infty$ のときに基底状態は $|0\rangle = \binom{1}{0}$, $|1\rangle = \binom{0}{1}$ であり，$\varepsilon = 0$ では $|0\rangle = \binom{1}{0}$, $|1\rangle = \binom{0}{1}$ の重ね合わせ状態が基底状態となる．量子ビットを表すのによく用いられるブロッホ球を用いて各状態を表すと図 5.2 のようになる．

ここで，初期状態 $|\psi\rangle = \binom{1}{0}$（図 5.2 のブロッホ球の北極）からスタートして，パルス的にデバイスの特性を制御して，ある ε，Δ にセットすることを考える．このとき，時間発展は

$$i\hbar \frac{\partial}{\partial t}|\psi, t\rangle = H|\psi, t\rangle \tag{5.3}$$

のシュレーディンガー方程式を解くことで得られるが，ε，Δ が時間に依存しない場合，

$$\begin{aligned} |\psi, t\rangle &= \exp\left(-i\frac{H}{\hbar}t\right)|\psi, 0\rangle \\ &= \exp\left(-i\frac{\varepsilon}{\hbar}\frac{\boldsymbol{\sigma}_z}{2}t - i\frac{\Delta}{\hbar}\frac{\boldsymbol{\sigma}_x}{2}t\right)\begin{pmatrix}1\\0\end{pmatrix} \end{aligned} \tag{5.4}$$

で表すことができる．詳細な説明は文献[71)]に委ねるが，$\exp\left(-i\frac{\boldsymbol{\sigma}_x}{2}\theta\right)$, $\exp\left(-i\frac{\boldsymbol{\sigma}_z}{2}\theta\right)$ はブロッホ球上で状態を x 軸，z 軸を中心軸にして θ 回転することに相当する．このことを用いると，例えば，$\varepsilon = 0$ にセットした場合，ブ

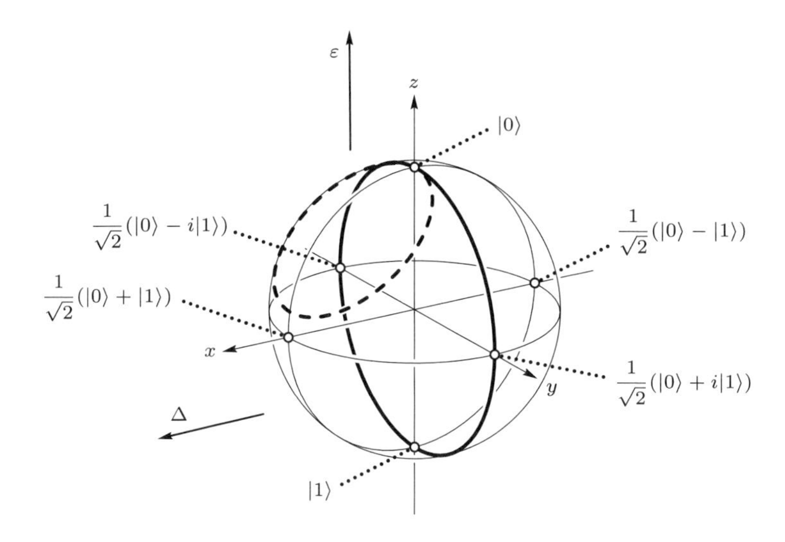

図 5.2　式 (5.1) で表されるハミルトニアンに対応する状態のブロッホ球表示．$|\varepsilon| \to \infty$ のときの基底状態 $|0\rangle = \binom{1}{0}$, $|1\rangle = \binom{0}{1}$ はブロッホ球の北極と南極に相当する．$\varepsilon = 0$ での基底状態は赤道上にあり，$|0\rangle = \binom{1}{0}$, $|1\rangle = \binom{0}{1}$ の結合状態となる．この系で初期状態をブロッホ球上の北極（$|0\rangle = \binom{1}{0}$）にとり，ε を時刻 $t = 0$ で特定の値にセットしたときの状態の時間発展を考える．太い実線はちょうど $\varepsilon = 0$ のときに期待される $t > 0$ での状態の変化であり，太い破線は ε が 0 から少しずれたときの状態の変化である．

ロッホ球上の北極 $|0\rangle = \binom{1}{0}$ からスタートした状態は，図 5.2 の太い実線で示したように，$2\pi\hbar/\Delta$ に対応する周期でブロッホ球上の北極 $|0\rangle = \binom{1}{0}$ と南極 $|1\rangle = \binom{0}{1}$ の間を回転することになる．これが量子ビットの回転動作に対応する．$\varepsilon = 0$ からずれると，図 5.2 の太い破線で示したように，回転軸が x 軸からずれるため，状態の回転は生じるが $\binom{0}{1}$ 状態には到達しない．ずれが大きくなるにつれ，状態はブロッホ球の北半球の北極付近を回ることになり，ε が十分大きいときには実質的に何の変化も生じないことになる．以上の結果は ε, Δ をパルス的に適当な時間タイミングで変化させると，ブロッホ球上の任意の点に状態を制御できることを示しており，これが量子ビットの操作に相当する．しかし，現実のシステムでは，特にブロッホ球の経度の情報（位相の情報）を乱す雑音があり，きちんと量子ビットが制御できる時間が制約される．この時

間は横緩和時間（T_2）と呼ばれることが多い[*1)].

5.3 電荷量子ビット

量子2準位系を一番直感的に理解できる系として，結合量子ドットで実現される電荷量子ビットがある．この概略を図5.3に示す．ここでは，微細な結合量子ドットに電子を1個入れることを考える．電子は負の電荷を有しており，他の電子をクーロン力で排他するため，微小な量子ドット系では電子を単電子レベルで制御することができる（第4章参照）．この系のハミルトニアンはまさに式(5.1)で示すことができる．ここで，ε はドット間のバイアスであり，例えば，$\varepsilon > 0$ では左側のドット，$\varepsilon < 0$ では右側のドットに電子が偏ることになる．$\varepsilon = 0$ では両方のドットに電子が入る入りやすさは同じであり，結合量子ドットのサイズが電子の波長より小さい場合，電子は量子ドット間でトンネルし，両方のドットに波動関数をまたがらせて存在することになる．このとき，

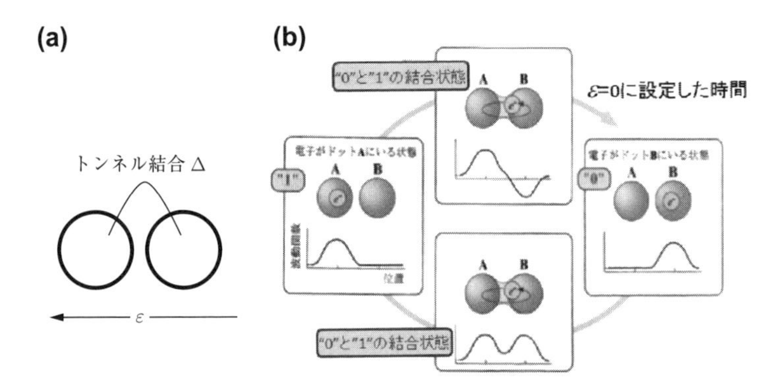

図5.3　(a) 電荷量子ビットに用いる結合量子ドットの概略図．実際には初期値の設定や電子がどちらのドットに入っているかを読み出す装置が周囲に作られるが，ここでは簡単のため省略している．(b) 左右どちらかのドットに電子が入っている状態（“0” あるいは “1”）からパルス的に $\varepsilon = 0$ に持ってくると，電子は左右のドットを $2\pi\hbar/\Delta$ の周期で往復する．途中では両方のドットに電子がまたがった状態を経由することになる．

---

*1) 実際の横緩和時間の測定では，多数回の測定の不均一性や多数の集団の測定の不均一性により T_2 時間が短くなることが多い．これらの不均一性の影響が含まれた T_2 時間を，均一なときの T_2 と区別して，T_2^* と表記することが多いが，ここでは，簡単のために T_2 で統一する．

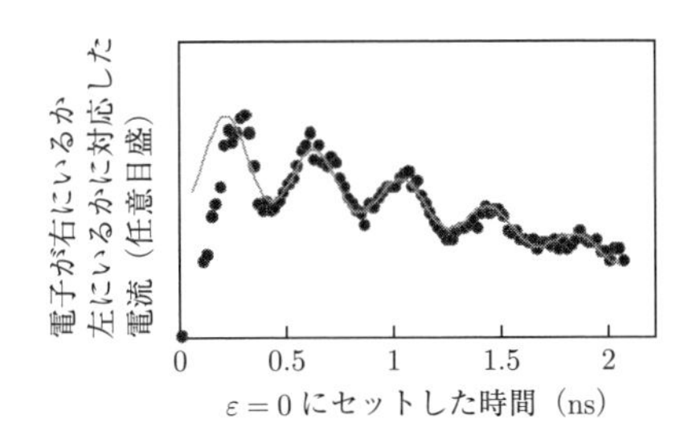

図 5.4 実際に測定された電荷量子ビットの特性．左右のドットを往復振動する電子の様子が電流値で測定されている．測定中の電子温度は約 100 mK．（文献[72]の実験データを転載．）

結合の強さを決めるのが Δ である．

電荷量子ビットの動作は 5.2 節の議論を適用することで説明される．この量子ビットでは電子が左のドットに入っている状態と右のドットに入っている状態が量子ビットの 1, 0 に相当する．電荷量子ビットの回転操作は，次のように説明できる．最初に，$\varepsilon \ll 0$（あるいは $\gg 0$）で右側（左側）のドットに電子が入った状態を作る（$|0\rangle = \binom{1}{0}$（$|1\rangle = \binom{0}{1}$）に相当）．次に，パルス的に $\varepsilon = 0$ にすると，電子は左右のドットを $2\pi\hbar/\Delta$ の周期で振動する．ある時間経過した後に再び $\varepsilon \ll 0$（あるいは $\gg 0$）にもどすと，$\varepsilon = 0$ においた時間に対応して，電子が右にいる状態，左にいる状態（すなわち $|0\rangle = \binom{1}{0}, |1\rangle = \binom{0}{1}$）が実現される．最後に電子が右に入っているか，左に入っているかを例えば電流などで読み出せば，電荷量子ビットの回転操作後の状態を読み出すことになる．実際に行われた測定例[72]を図 5.4 に示す．この実験では比較的短い横緩和時間を反映して，信号強度は 1 ns の時間スケールで減衰するが，電荷の結合量子ドット間の振動による量子ビットが実現されていることがわかる．なお，電子は分離できないため読み出し時には電子が右に存在するか左に存在するかが確定されることになるが，図 5.4 の電流値は多数の繰り返し測定の積分を示しているため，電子が左右のドットに存在する確率を表している．

5.4 スピン量子ビット

電子スピンが z 方向に印加された静磁場 B_0 中にあるとき，基底状態は磁場

に平行か反平行の状態となる．どちらが安定になるかは g 因子の符号によるが，そのハミルトニアンは，

$$H = g\mu_{\mathrm{B}} B_0 \frac{\boldsymbol{\sigma}_z}{2} \tag{5.5}$$

で示すことができる．問題 5.2 に示したように上向きスピン状態 $|\uparrow\rangle = \binom{1}{0}$ と下向きスピン状態 $|\downarrow\rangle = \binom{0}{1}$ のエネルギー差は $g\mu_{\mathrm{B}} B_0$ になり，これがゼーマンエネルギーである．

問題 5.2：　式 (5.5) の固有エネルギーを求め，そのエネルギー差が $g\mu_{\mathrm{B}} B_0$ になることを確認せよ．

$H|\psi\rangle = E|\psi\rangle$ より，$|\psi\rangle = \binom{a_1}{a_2}$ とおくと，

$$\begin{cases} \dfrac{g\mu_{\mathrm{B}} B_0}{2} a_1 = E a_1 \\ -\dfrac{g\mu_{\mathrm{B}} B_0}{2} a_2 = E a_2 \end{cases}$$

これより，この両辺を満たす $a_1 = a_2 = 0$ 以外の解は，

$$a_1 = 1, \quad a_2 = 0, \quad E = \frac{g\mu_{\mathrm{B}} B_0}{2}$$

$$a_1 = 0, \quad a_2 = 1, \quad E = -\frac{g\mu_{\mathrm{B}} B_0}{2}$$

すなわち，$|\uparrow\rangle = \binom{1}{0}$ あるいは $|\downarrow\rangle = \binom{0}{1}$ が固有状態で，そのエネルギー固有値は $\pm g\mu_{\mathrm{B}} B_0/2$．したがって，エネルギー差は $g\mu_{\mathrm{B}} B_0$ になる．

式 (5.5) のハミルトニアンに 5.2 節の議論を用いることで，スピンの状態は $\omega_0 = |g|\mu_{\mathrm{B}} B_0/\hbar$ で図 5.2 に示したブロッホ球上を z 軸の周りに回転していることがわかる．この回転をラーモア回転という．

このスピンを操作するのに用いられる方法が電子スピン共鳴（ESR）や核磁気共鳴（NMR）で用いている B_0 と垂直方向へ振動磁場 B_{osc} を印加する方法である．このときのハミルトニアンは，文献[71] にあるような解析を行うと，$\omega_0 = |g|\mu_{\mathrm{B}} B_0/\hbar$ でブロッホ球上を回転する回転フレーム上において，

$$H_{\mathrm{rot}} = \hbar(\omega_0 - \omega)\frac{\boldsymbol{\sigma}_z}{2} + g\mu_{\mathrm{B}} B_{\mathrm{osc}} \frac{\boldsymbol{\sigma}_x}{2} \tag{5.6}$$

と表すことができることがわかる．これは式 (5.1) と同じ形をしており，5.2 節

の議論を直ちに適用することができる．すなわち，スピンアップ $|\uparrow\rangle = \binom{1}{0}$ に準備されたスピンに，ちょうど $\omega = \omega_0$ になる交流磁場を B_0 と垂直方向に加えると角周波数 $\omega_{\rm rot} = |g|\mu_{\rm B}B_{\rm osc}/\hbar$ で $|\uparrow\rangle = \binom{1}{0}$ と $|\downarrow\rangle = \binom{0}{1}$ の間を回転し電子スピン量子ビットの回転が得られることがわかる．ブロッホ球上を1回転するのが 2π なので，スピンが $|\uparrow\rangle$ から $|\downarrow\rangle$ になる長さのパルスを π パルス，ブロッホ球上の xy 平面に回転するパルスを $\pi/2$ パルスと呼ぶ．これらのコヒーレント動作を GaAs 系の量子ドットに閉じ込められた電子のスピンで実現したのが図5.5の実験である[73)]．ここでも2重量子ドットを用いているが，パウリの排他律で同じ状態には同じスピンの電子が入れないこと，逆にスピンが回転すると隣のドットを通して電極に抜けることができ電流が流れることを利用している．また，量子ドットの上部に近接してストライプラインを設置し，そこに交流電流を流すことで大きな $B_{\rm osc}$ を実現している．なお，電子スピン量子ビットの横緩和時間は，緩和の原因となる核スピンの揺らぎを抑制することなどで改善することができる．

なお，傾斜磁場中で電子の位置を電界で振動させても実効的に電子は振動磁

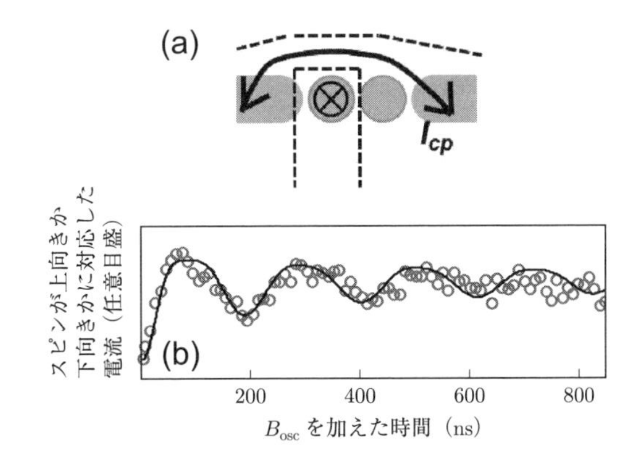

図 5.5 (a) スピン量子ビットの概略図．ここでも結合量子ドットが用いられている．点線で示した金属ラインに交流電流 I_{cp} を流すことにより，交流磁場を印加している．これにより，左のドット中の電子スピンが回転する．右側のドットの電子スピンとの関係で，読み出しの段階で電子がトンネルできたりできなかったりすることにより電流が変化することを利用してスピン情報を読み出している．(b) 実際に電流の情報としてスピンの回転を読み出した実験例．（文献[73)]の実験データを転載．）

場を感じることができる．量子ドット中の電子の位置は電極に印加する交流電圧で容易に振動させることができることから，最近では，マイクロマグネットと電界制御の組み合わせで大きな B_{osc} を実現することで，50 MHz を超えるスピン回転速度も実現されている[74]．

5.5　核スピン量子ビット

核スピンは核スピンの量子操作を利用した核磁気共鳴（NMR）が量子コンピュータという概念が出現する以前から使われていることからもわかるように，コヒーレント性が長く維持される特徴がある．これは，核スピンは原子の内側にあり，周囲を電子などで遮蔽され，外部の揺らぎの影響を受けにくいことによる．核スピンの量子操作の基本も電子スピンと全く同じである．ただし，電子スピンが $I=1/2$ であり，$|\uparrow\rangle=\left|\frac{1}{2}\right\rangle$ と $|\downarrow\rangle=\left|-\frac{1}{2}\right\rangle$ の二つの状態しかないのに対して，核スピンは $I\geqq 3/2$ の核も多い．例えば，ここで紹介する GaAs ナノ構造を用いた核スピン量子ビット[75]では ^{69}Ga，^{71}Ga，^{75}As はすべて $I=3/2$ であり，スピン状態は $\left|-\frac{3}{2}\right\rangle$，$\left|-\frac{1}{2}\right\rangle$，$\left|\frac{1}{2}\right\rangle$，$\left|\frac{3}{2}\right\rangle$ の四つの状態に分裂する．図 5.6 の実験例では，GaAs ポイントコンタクト領域で 2.7 節で議論した電子スピン系と核スピン系の相互作用で核スピンを偏極し，さらに核スピンの偏極度を抵抗で読み出している．初期状態で核スピンを偏極後，5.4 節のスピン量子ビット同様に，ストライプラインに電流を流すことで交流磁場を作り，核スピンを回転させている．回転の様子は抵抗の周期的変化として現れている．さらに，印加周波数が $\omega=\omega_0$ に対応する共鳴周波数からずれるとブロッホ球上での回転領域が減少するため抵抗変化が小さくなり，回転の周期も小さくなる様子がきれいに実験で再現されている[75]．デバイスに存在する歪で，$\left|-\frac{3}{2}\right\rangle$，$\left|-\frac{1}{2}\right\rangle$，$\left|\frac{1}{2}\right\rangle$，$\left|\frac{3}{2}\right\rangle$ の準位間隔が等間隔からわずかにずれるため，図 5.6 に示したように同様のパタンが三つわずかな周波数だけずれて現れている．この実験では横緩和時間は約 1 ms である．さらに，$\left|-\frac{3}{2}\right\rangle$，$\left|-\frac{1}{2}\right\rangle$，$\left|\frac{1}{2}\right\rangle$，$\left|\frac{3}{2}\right\rangle$ の四つのスピン状態に分かれる核スピンの特徴を反映して，2 量子遷移や 3 量子遷移に対応した振動が見えている[75]．これらの多量子遷移を制御することで，$\left|-\frac{3}{2}\right\rangle$，$\left|-\frac{1}{2}\right\rangle$，$\left|\frac{1}{2}\right\rangle$，$\left|\frac{3}{2}\right\rangle$ の四つのスピン状態（量子 4 準位系）を量子的に制御することが可能にな

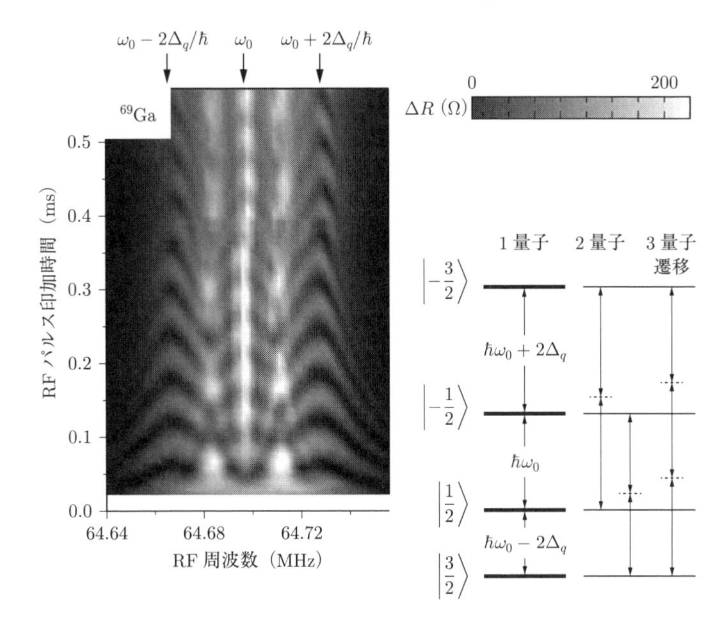

図 5.6　GaAs 量子構造を用いた核スピン量子ビットの特性．2.7 節で議論した電子スピン系と核スピン系の相互作用を用いて核スピンを偏極（初期化）し，スピン量子ビットと同様に交流磁場を加えることで核スピンを回転している．核スピンの情報はやはり 2.7 節で議論したように抵抗値で読み出され，この実験の場合 ^{69}Ga 核スピンの回転が抵抗の振動としてグレースケールでプロットされている．右側の挿入図は ^{69}Ga 核スピンの四つの準位で，歪の影響で Δ_q の 4 重極分離が存在することに対応して，ω_0 から低（高）周波にずれた遷移が見られる．また，中心周波数からずれたときにブロッホ球の一部を核スピンが回ること（図 5.2 の太い破線）に対応して，各遷移には笠形の周期構造が出現している．量子 4 準位系の特徴として，2 量子遷移が三つの 1 量子遷移の間に，そして，3 量子遷移が中央の 1 量子遷移（$\omega = \omega_0$）に重なって観測されている．

り，実効的な 2 量子ビットに対応する動作を行うことができる[76]．

5.6　ハーンエコーと多重パルス効果

量子ビットやスピンのコヒーレント制御を考える際に重要になるのが，ブロッホ球上の位相も含めた情報が維持される時間 T_2 である．T_2 が長ければ位相情報を失う前に多くの操作ができることになり，量子的な処理に有利である．この T_2 を求める方法として一般的なものが，核スピンのコヒーレント操作を利用

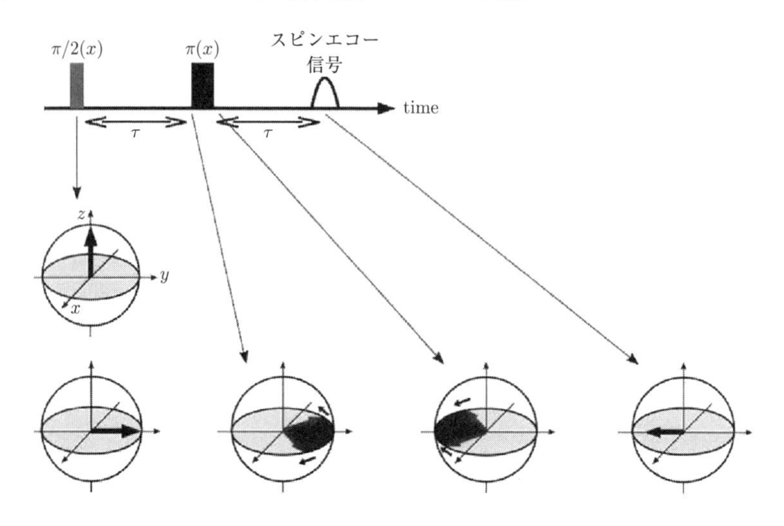

図 **5.7**　様々な量子ビットやスピン，核スピンの T_2 評価に一般的に用いられるハーンエコーの原理

する NMR で開発されたハーンエコー法である．この原理を図 5.7 に示す．磁場中におかれた $I(S)=1/2$ のスピンは磁場に平行か反平行が基底状態となるが，ここでは磁場が z 方向に平行に印加されており，スピンが z 方向に向いた状態からスタートすることを考える．(初期状態をブロッホ球の z 方向にとれば一般的に同じ議論ができる.) すでに議論してきた $\pi/2$ パルスを加えると，スピンは xy 平面上に回転する．xy 平面上をスピンはラーモア回転することになるが，このとき，揺らぎにより回転速度に分布が生じる．時間 τ 経過後に π パルスを加えると，π パルスですべてが反転するため，これまで速く回っていたスピンが後方に，逆に遅く回っていたスピンが前方に移される．したがって，同じように雑音が働いているとちょうど τ 経過後にスピンの状態が揃うことになる．このときに出現する信号を τ の関数として検出し，その減衰を指数関数に合わせることで，T_2（ハーンエコー T_2 の意味で T_2^{H}）が求まる．これが，ハーンエコー法による T_2 の測定であり，量子ビットの T_2 時間を求めるのにも広く用いられている．

NMR では，τ を変えた測定を繰り返し T_2 を求めることに対し，測定時間を短縮する目的で時間間隔 2τ で多数のパルスを連続的に打って，パルスとパルスの中間に出てくる信号の強度を時間の関数としてプロットすることで1回の測定で T_2 を求める手法が提案され，多重パルス法として定着してきた．しかし，パルス技術が進歩し，短い π パルスが短い時間間隔で打てるようになるにつれ，信号が単純に指数関数的に減衰することはなく，図5.8に概略を示したように，初期に大きな減衰がみられ，長時間では減衰が小さくなること，さらに，τ を短くするにつれ減衰が小さくなることが明らかになってきた．最近，この現象が理論的に解明され，時間間隔 2τ で π パルスを連続的に印加した場合，十分多数のパルスをあてた後の信号の減衰は指数関数に従い，その減衰定数 T_2^{L} は $f = 1/4\tau$ の雑音成分に比例していることが明らかになった[77)]．これは，ハーンエコーのところで述べたように時間間隔 2τ で π パルスを打つと，4τ の時間以内に変化しない低周波の雑音はキャンセルされること，一方で，揺動散逸定理によれば一番低周波の雑音が特性を支配することを重ね合わせて考えることで説明される．長時間の多重パルスの極限では，信号の減衰に寄与するのは $f = 1/4\tau$ の雑音成分だけになることになる．このことから，τ を変化させた多重パルスの実験を行うことで，スピン（量子ビット）の位相緩和を決める雑音がどのような周波数スペクトルを持っているかを求めることができる．

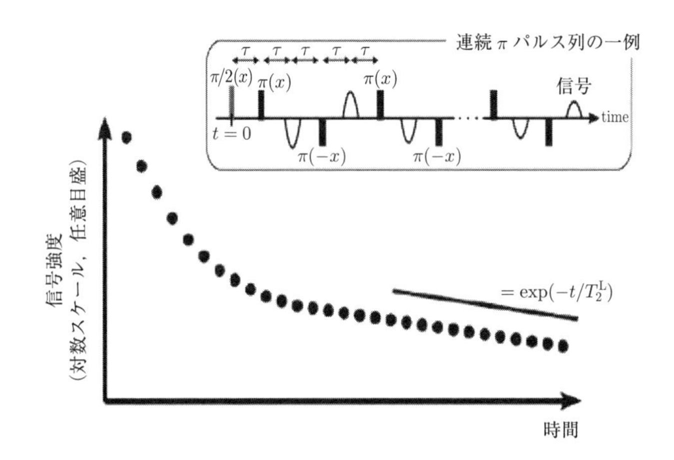

図 5.8 多重 π パルスを加えたときの信号強度の変化の一例と T_2^{L} の定義．π パルスが十分に短い理想的なパルスである場合，$\pi(x)$ を繰り返しても，挿入図のように $\pi(x)$ と $\pi(-x)$ を繰り返しても信号強度は同じになるが，実験的には $\pi(x)$ と $\pi(-x)$ を繰り返した方が信頼できる信号をとりやすい．

なお，ハーンエコーで求められる T_2^{H} は周波数 0 での T_2^{L} に対応している．量子ビットに影響する雑音の周波数成分がわかれば，それに応じて雑音の影響を受けにくいパルス印加，言い換えれば量子ビットの操作を行うことができる．

6 マイクロ・ナノメカニクスの物理と応用

6.1 は じ め に

みなさんが大学に入られて最初に勉強した物理学の科目は，おそらく古典力学だったのではないだろうか．古典力学では質点のニュートン力学をまず学び，次に多体系や剛体の運動などに発展し，その後，少し上級のコースとして解析力学に進む．解析力学は量子力学の基礎を理解するための予備知識としてもちろん重要だが，解析力学を含む古典力学は，一般に物理学における「教養科目」的な立場で扱われているにすぎず，実際の物理の研究の現場では量子力学的な性質が現れる現象の方が，多くの人々の興味を引いてきたことは否定できない．100 年以上も前にあらゆる現象が調べつくされたと考えられている古典力学だが，実はそれ自身非常に奥が深い学問で，非線形力学やパラメトリック共振，非平衡現象など，力学を教養課程で学ぶ際にはあまり立ち止まって詳しく勉強しない，とても高度で興味深い物理にあふれているのである[78)]．

最近，非常に小さな機械構造を作製し，その力学的な性質を調べて新しい技術に応用しようとする研究が発展している．これらは機械構造のサイズの違いにより，マイクロメカニクスあるいはナノメカニクスの研究と呼ばれている．前者を応用した技術はマイクロマシン技術，あるいは MEMS（micro-electromechanical systems）と呼ばれており，高感度のセンサーや超小型のスイッチなどの実用技術として応用されている[79)]．それらをさらに微細化したものをナノメカニクスと呼ぶわけだが，実はこのマイクロ・ナノメカニクスの世界では，構造の力学的自由度を電気的な信号により自在に操ることができ，古典力学における様々な興味深い現象を素子レベルで観測できる．最近では，さらにその力学系の熱揺らぎを量子力学的な揺らぎと同程度まで低減させ，量子力学的な振る舞いを検出することまでもが可能になってきており，まさに実験室レベルで量子的な「力学系」を操作できるようになったと言っても過言ではない．

この章では，このような微小な機械構造における力学を詳しく解説し，なぜこのような力学系が最近改めて注目を集めてきたかについて説明したいと思う．最初にこのような機械構造が従う静的な性質，すなわち材料力学，さらには動的な性質である機械振動学の初歩について説明する．さらに，この機械構造に対する熱揺らぎの影響に対して述べる．次に，筆者らが最近注目して研究を行っているパラメトリック機械共振器について詳しく述べる．最後に，最近大きな話題となっている機械構造の量子力学的な振る舞いを調べる実験についても，簡単に触れることにしたい．

6.2　微小弾性体の静的特性

6.2.1　微小弾性体の基本構造

最初にマイクロ・ナノメカニクスの研究の対象となる機械構造の静的な性質について説明する．マイクロ・ナノメカニクスの物理で最も重要な構造は「梁」（beam）と呼ばれるものである．一般に梁は建築物の水平方向に架けられ，床や屋根などの荷重を柱に伝える部材のことである．マイクロ・ナノメカニクスで扱う梁は，このように構造の強度を上げるためのものではなく，主に弾性変形を行うことで機能を出現させるものである．一般によく使われる構造として2種類がある．これらを図6.1に示す．ひとつは片持ち梁（図6.1(a)），もうひとつは両持ち梁（同(b)）と呼ばれるものである．前者は「カンチレバー」とい

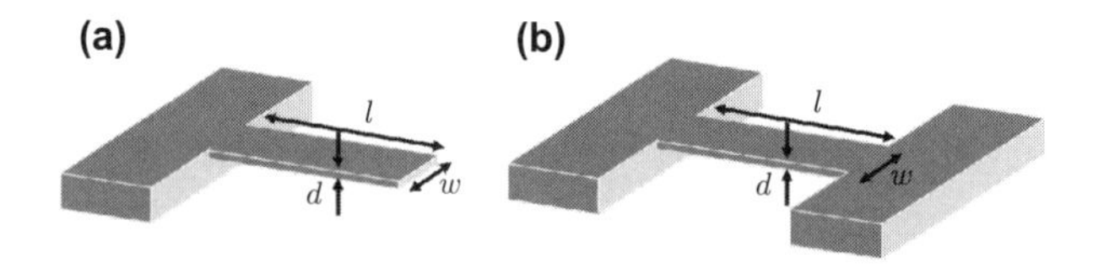

図 6.1　(a) 片持ち梁（カンチレバー）と (b) 両持ち梁構造

う名前でもしばしば呼ばれる．CD が主流になる前には，一般にオーディオの高品質ソースとして「レコード」が使われていたが，カンチレバーというと音を取り出すレコード針が取り付けられている小さな部品を思い出される中高年の方も多いと思う．また，最近の研究者では，走査プローブ顕微鏡に使われている試料の表面形状を測定する微小な部品を想像される方も多いのではないだろうか．後で示すように，これらはまさにマイクロ・ナノメカニクス構造の特徴である「加えた力に敏感である」という性質を使った，最も典型的な応用技術であると言える．そこで，まず，微小なカンチレバーを曲げるのに必要な力は，微細化に応じてどのように変わるか，という具体的な問題をとりあげ，微細な機械構造の性質について考えていくことにする．

6.2.2　弾性体内の応力と歪（フックの法則）

梁のような弾性を持つ連続体に関する，主に運動を伴わない力学を，一般に材料力学と呼ぶ[80)]．材料力学では物体の伸び縮み，すなわち「歪」と，物体内で作用する力，すなわち「応力」の関係を扱う．我々が今関心を持っているカンチレバーに注目し話を進めよう．今，図 6.1(a) に示したカンチレバー構造の先端に指をあて，カンチレバーを下に曲げたとする．このときに，カンチレバー内部ではどのような歪が発生するであろうか．図 6.2 にこのときの歪分布の様子を示す．一般に，下向きに曲げた場合，表面側の素片はカンチレバーの長手方向に伸び，逆に背面側は縮むことになる．このちょうど中間では，伸びも縮

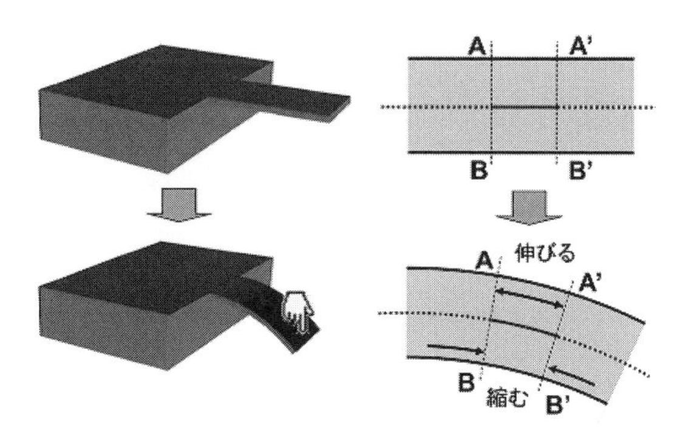

図 **6.2**　カンチレバーの先端に力を加えたときの歪分布．点線は中立面を表す．

みもしない面が現れる．この面は中立面と呼ばれる．

ここで示した歪分布は，弾性体の純粋に幾何学的な形状から決定されるものである．すなわち，カンチレバーの各位置における形状変化をすべて決めてやれば，それが力学法則を満たしているかどうかはさておき，おのずと歪の分布が決まる．しかし，ある力を先端に加えたときにどれだけカンチレバーが曲がるか，という現在着目している問題はこれだけでは答えが求まらない．曲がったカンチレバーの形状自体を求めるためには，力と歪の関係を与え，連続体内部全体における力のつり合いを考えなければならない．この力と歪の関係は，局所的にはよく知られたフックの法則で与えられる．

今，非常に微小な弾性体を考えこの両側に力を加えたとしよう．図 6.3 にその概念図を示す．力を加えると当然弾性体は力の方向に縮む．例えば，もともとの長さが L だったものが，力 F を加えることにより δL だけ縮んだとしよう．そうするとフックの法則は

$$F = k\delta L \tag{6.1}$$

と表現される．k はバネ定数である．しかし，この表式は切り出した素片のサイズに依存するので，より材料固有の特徴として書き直してみよう．容易に推測できるように，バネ定数は L に反比例し，力が加わる面積 S に比例する．すなわちその比例定数を E とすると，

$$k = E\frac{S}{L} \tag{6.2}$$

である．これより，歪 $\varepsilon = \delta L/L$，応力 $\sigma = F/S$ を導入すると，フックの法

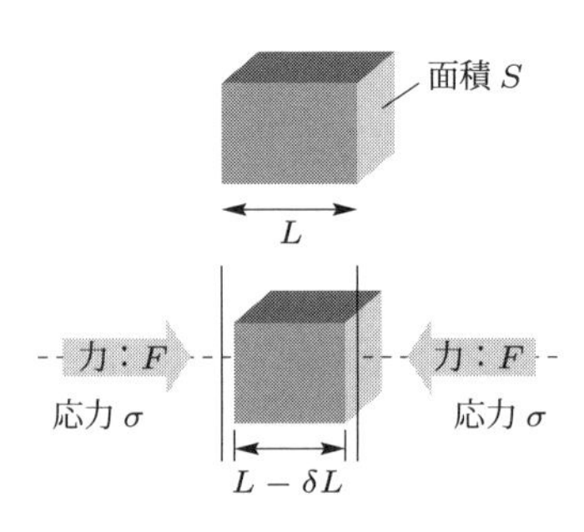

図 6.3　微小な体積素片に対するフックの法則の概念図

則は,

$$\sigma = E\varepsilon \tag{6.3}$$

と書ける. これが弾性体の中で応力と歪の関係を局所的に与える基本式である. この式は式 (6.2) とは異なり, 微小素片の形状に依存せず, 純粋に材料の物性だけで決まる点が重要である. 力がかかった弾性体ではすべての微小素片において, この局所的なフックの法則によってつり合いが成立していなければならない. E をヤング率と呼ぶ.

さて, つり合いの条件を求めるためには, すべてのこれらの応力の和が 0 であればよいのであろうか. 答えは No である. 実は体積素片の各面に対して平行な方向に働く「せん断応力」も存在し, これらに対するつり合いも成立しなければならない. 図 6.4 に応力とせん断応力のつり合いの考え方を示す. 体積素片の向かいあった両面に対し, 面に垂直な方向に働く力が応力であるが, せん断応力は面に対して平行な方向に働く. このせん断応力は体積素片にモーメントも与えるが, つり合いの条件が満たされるためには素片全体にかかる力の総和だけでなく, モーメントの合計も 0 にならなければいけない. 実はこのつり合いは, 図 6.4(b) に点線と実線で示された隣り合う面のせん断応力 (共役なせん断応力と呼ぶ) が働くことによって成立する. さらに, このモーメントに対してもフックの法則が成り立つ必要があり, この場合の歪を「せん断歪」と呼ぶ. 体積素片の断面が正方形だとすると, この歪は正方形をひし形に変形する. 一般に, このせん断歪の効果は小さいので以下では無視することにする.

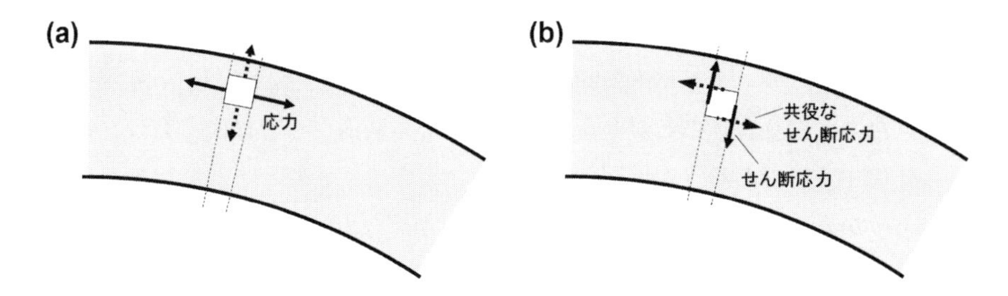

図 6.4 (a) 応力と (b) せん断応力のつり合い. それぞれの面に加わる力ならびにモーメントの総和は 0 になる.

6.2.3　梁の変形と力学的特性

さて，十分に薄いカンチレバーのような梁構造の場合には，せん断応力の厚さ方向の分布は重要ではなく，それを梁の断面にわたって積分したせん断力だけを考えれば十分である．せん断力を直感的に理解するには次のようなことを考えればよい．今，カンチレバーの先端に質量 m のおもりをぶら下げる．この状況でカンチレバーの途中にレール状の切れ込みを入れ，このレールに沿っては摩擦なく先端部分がなめらかに上下すると考えよう（図 6.5）．さて，先端部分が落ちないためには，このレールに沿ってどのような大きさの力 F をかければよいだろうか．この力がすなわちせん断力である．カンチレバー自体の重さを無視すると，答えは言うまでもなく $F = mg$ である．なぜなら，レールには摩擦がないと考えているから，レールから先の部分に加わっている上下方向の力は，おもりが与える下向きの重力 mg と F の二つしかなく，これらは釣り合わなければいけないからである．このように，せん断力は，カンチレバーの任意の断面において，すべて同じ値 mg をとることが理解できる．

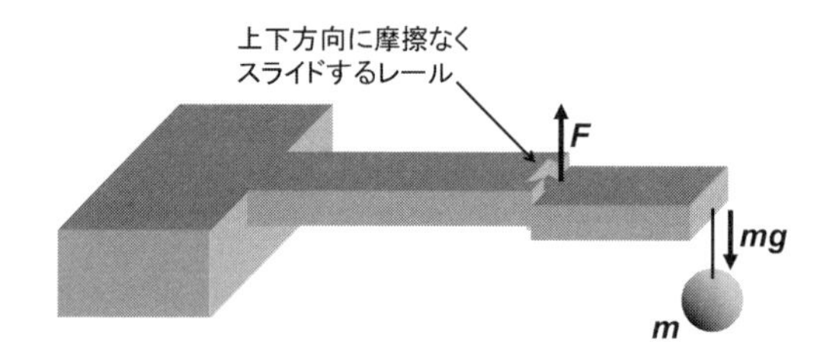

図 6.5　せん断力を理解するための模式図

このように，カンチレバーの断面と平行な方向に働くせん断力が，先端に加えられた力と釣り合うことがわかったが，一方，断面に平行に働く力はどのように作用するのであろうか．図 6.2 に示したように，表側と裏側では加わる応力の符号が異なり，これらの総和は 0 になるが，一方，加わる場所が異なっているため断面に対してモーメントとして作用する．しかしながら，つり合いが成立するためには，断面に作用するモーメントの総和は 0 にならなければならない．考えてみると，そもそもこの曲げは，先端に加わった力が引き起こしたものであるから，この力が作り出したモーメントと応力によるモーメントがつり合っていると直感的には考えられる．これを長さ l のカンチレバーに対して式で表してみよう．

先端に加わった力 F が，先端からの距離 $l-x$ の位置を基準として，この基準点より右側の部分に加えるモーメントを求める．モーメント $=$ 力 $\times$ 距離であるから，力 F からの寄与は $F(l-x)$ で与えられる（図 6.6）．これが位置 x における断面の左側から応力を介して加えられたモーメントとつり合うということより，カンチレバーの各位置における応力の大きさが求まる．これより，フックの法則からカンチレバーの位置 x における曲率が求まるという段取りである．

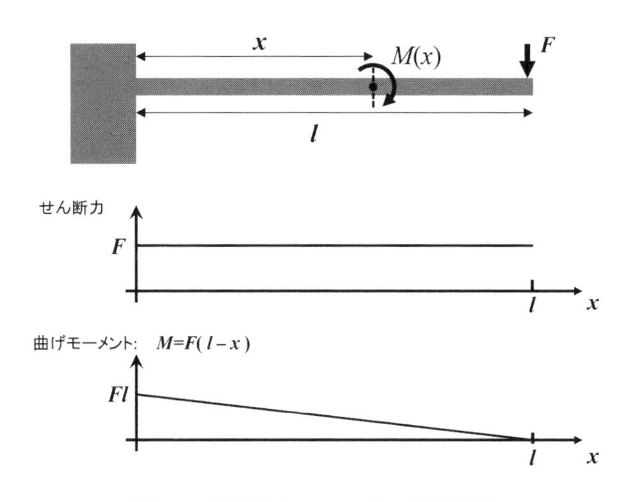

図 6.6　せん断力とモーメントの場所依存性

各位置における歪 ε と曲率 $1/\rho$ の関係は，図 6.7 に示したように，中立面からの距離 q を用いて $\varepsilon = q/\rho$ と書ける．一方，カンチレバーの変位を δ とすると，曲率は $-d^2\delta/dx^2$ であるから，これよりフックの法則を用いて場所 x におけるモーメント M は，

$$M = -\frac{Ewd^3}{12}\frac{d^2\delta}{dx^2} \tag{6.4}$$

と書ける．ここで w はカンチレバーの幅，d は厚さである．この値が x の位置より右側の部分が与えるモーメント $M(x) = F(l-x)$ に等しいとおき，x につ

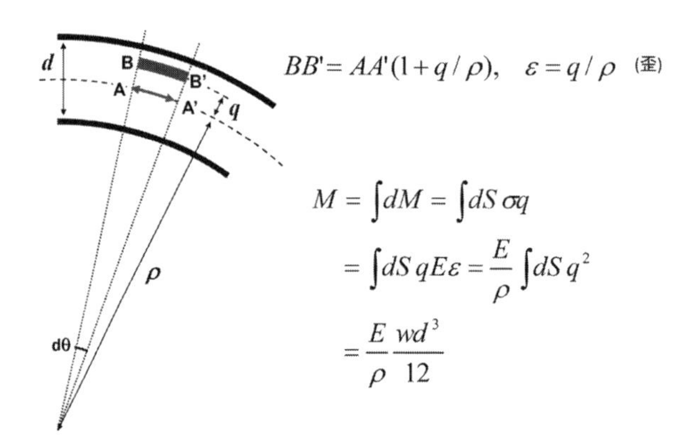

図 6.7 曲率と応力の関係

いて積分して $\delta(x)$ ならびに端における変位 $\delta(l)$ を求めると,

$$\delta(x) = \frac{2Fx^2}{Ewd^3}(3l - x), \quad \delta(l) = \frac{4Fl^3}{Ewd^3} \tag{6.5}$$

が得られる．我々が必要な結果，すなわち，カンチレバーの先端に力を加えたときの変位の大きさは，このように長さの 3 乗に比例し，幅の 1 乗と厚さの 3 乗に反比例することがわかる．すなわち相似形を保ったままカンチレバーをスケールダウンすると，サイズに反比例して先端の変位は増える．言い換えれば，小さな力で同じ変位が得られることがわかる．さらに同様に，先端部の傾き $\theta(l)$ を求めると,

$$\theta(x) = \frac{6Fx}{Ewd^3}(2l - x), \quad \theta(l) = \frac{6Fl^2}{Ewd^3} \tag{6.6}$$

が得られ，こちらはサイズの 2 乗に反比例する．すなわち，同じ傾きを与える力は，サイズの 2 乗に比例して小さくなっていくわけである．このように，カンチレバーのしなりでもって力を検出する場合，そのサイズを小さくすればするほど，感度は高くなっていく．

表 6.1 に GaAs を材料として使ったカンチレバーに決まった変位を与えるのに必要な力が，カンチレバーのサイズとともに，どのようにスケールするかを計算した結果を示す．微細化することにより，驚くほど小さな力で変位を与えることができるわけである．

この性質を用いた典型的な技術が原子間力顕微鏡である．原子間力顕微鏡で

表 6.1 GaAs カンチレバー（$E = 8.5 \times 10^{10}$ N/m^2）に対する力感度．$l = 10w = 100d$ を仮定．

長さ l	1 mm	100 μm	10 μm	1 μm	100 nm
$\delta = 1$ nm を与える F	2 nN	200 pN	20 pN	2 pN	200 fN
$\theta = 1$ μrad を与える F	1.4 nN	14 pN	140 fN	1.4 fN	14 aN

は，カンチレバーの先端に装着した短針と試料表面に働く極めて小さな力を検出することにより，表面の凹凸を原子レベルの段差まで検出することができる．また，最近では微細加工を駆使して作製した幅数十 nm のカンチレバーにより，電子スピン 1 個に対するスピン共鳴を行った報告がなされている[81)]．これらは，微細なカンチレバーが極めて小さな力にも敏感に変位する性質を使った技術である．これについては再度 6.6.3 項で述べることにする．

問題 6.1： 厚さが 10 nm，幅 100 nm，長さ 100 μm の GaAs カンチレバーのバネ定数を求めよ．

式 (6.5) よりバネ定数は $Ewd^3/4l^3$ で与えられる．GaAs のヤング率 $E = 8.5 \times 10^{10}$ N/m^2 を用いると，

$$\frac{(8.5 \times 10^{10}) \times (100 \times 10^{-9}) \times (10 \times 10^{-9})^3}{4 \times (100 \times 10^{-6})^3} = 2.1 \times 10^{-9}\ \mathrm{N/m}$$

このバネを 1 μm 曲げる力はわずか 2.1×10^{-15} N であり，この値は距離が 1 cm 離れた二つの一円玉の間に働く万有引力 6.7×10^{-15} N より小さい．

6.3 微小弾性体の動的特性

次に，このような微小な梁の運動について考えてみよう．カンチレバーの端をピンとはじくと，ある一定の周波数で振動することは容易に想像できる．この振動を記述する運動方程式を導き出し，微細化とともに振動周波数がどのように変化するかについて考えてみよう．

6.3.1 梁の曲げ振動の運動方程式

前節で示したように，モーメントは変位 $\delta(x)$ から，

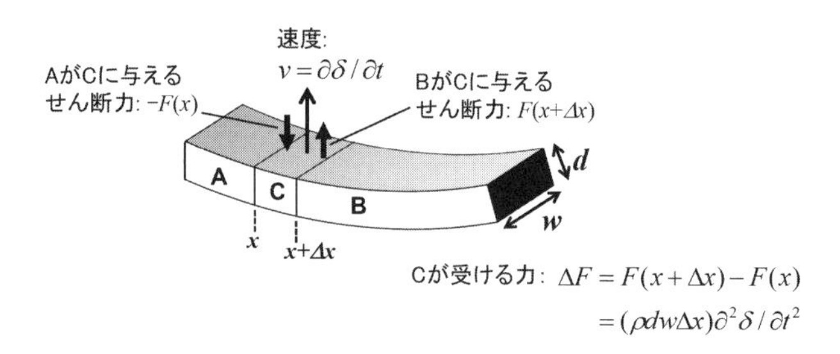

図 6.8　梁を構成する長さ Δx の微小素片に作用するせん断力

$$M = \frac{E}{\rho}\frac{wd^3}{12} = -\frac{Ewd^3}{12}\frac{\partial^2 \delta}{\partial x^2} \tag{6.7}$$

により与えられ，この式は時間に依存する運動方程式においても成立する．また，モーメントとせん断力の関係であるが，前節での議論より明らかなように，dx だけ異なる位置におけるモーメントの変化 dM は，せん断力 F がかかっている位置から距離が dx だけ増えるわけであるから，$dM = F\,dx$ で与えられる．それゆえ，

$$F = \frac{\partial M}{\partial x} = -\frac{Ewd^3}{12}\frac{\partial^3 \delta}{\partial x^3} \tag{6.8}$$

さて，静的な状況ではつり合いの条件により F はすべての位置で一定であったが，運動が起きている場合には，F は一定ではない．ある微小素片の両側に働くせん断力の差 ΔF により，その微小素片の運動が引き起こされる（図 6.8）．この ΔF を用いると，長さ Δx の微小素片に対する運動方程式は次式で与えられる．

$$\Delta F = (\rho dw \Delta x)\frac{\partial^2 \delta}{\partial t^2} \tag{6.9}$$

$\partial^2\delta/\partial t^2$ が微小素片の加速度であり，$\rho dw\Delta x$ が微小素片の質量であることは言うまでもない．ここで，ρ は密度，d は梁の厚さ，w は梁の幅である．左辺が素片の左右にかかるせん断力の差に等しいことより，式 (6.8) から次式が得られる．

$$\frac{Ed^2}{12}\frac{\partial^4 \delta}{\partial x^4} + \rho\frac{\partial^2 \delta}{\partial t^2} = 0 \tag{6.10}$$

通常の波動方程式は座標に関して 2 階の微分方程式であるが，梁の運動方程式は 4 階の微分方程式になる．この理由は，通常の波動方程式では隣り合う微小素片間の変位差が素片に作用する力を与えるが，梁では変位差ではなく曲率差に比例する力が働くからである．もうひとつの特徴は，この式は梁の幅に依存しないことである．これは微小素片にかかるせん断力差と質量がどちらも梁の幅に比例するためである．方程式 (6.10) をオイラー・ベルヌーイの方程式と呼ぶ．

さて，オイラー・ベルヌーイ方程式を用いて，無限に長い 1 次元梁の振動解を求めてみよう．まず，時間と座標に対する変数分離

$$\delta(x,t) = \Delta(x)(A\sin\omega t + B\cos\omega t) \tag{6.11}$$

を行うと $\Delta(x)$ に対する方程式は，

$$\frac{d^4\Delta(x)}{dx^4} - k^4\Delta(x) = 0 \tag{6.12}$$

ここで波数 k は次式の分散関係を満たす．

$$\omega = k^2 d\sqrt{\frac{E}{12\rho}} \tag{6.13}$$

式 (6.12) は座標に関して 4 次の方程式であるため，独立解は四つ存在し，

$$\Delta(x) = A\sin(kx) + B\cos(kx) + C\sinh(kx) + D\cosh(kx) \tag{6.14}$$

で与えられるが，第 3 項ならびに第 4 項は $x \to \pm\infty$ の極限で発散するため解として許されない．（次にみるように両持ち梁やカンチレバーなどに対する境界条件では，これが成り立たない．）したがって第 1 項，第 2 項の進行波が解となる．分散関係 (6.13) より位相速度 v_{p}，群速度 v_{g} は

$$v_{\mathrm{p}} = \frac{\omega}{k} = kd\sqrt{\frac{E}{12\rho}}, \quad v_{\mathrm{g}} = \frac{d\omega}{dk} = kd\sqrt{\frac{E}{3\rho}} \tag{6.15}$$

で与えられる．すなわち，1 次元の梁を伝搬する横波の位相速度・群速度は厚さに比例することがわかる．これより，一定の長さの梁の固有振動数は厚さに反比例することが予想される．以下では具体的な境界条件を与え，梁の固有振動数を求める．

6.3.2 両持ち梁ならびにカンチレバーの固有振動

次に両持ち梁とカンチレバーにおける固有振動を求めよう．すでに波動方程式は求まっているから，これに対して境界条件を与える．方程式は座標に関し

て 4 次で先に示したように独立解は四つ存在するため，固有関数を求めるには境界条件が四つ必要である．一般には，梁の両端に対して二つずつの境界条件を与えることになる．まず，固定された端では変位も傾きも 0 と考えてよい．したがって，両端の位置が $x = 0$, $x = l$ で与えられる長さ l の両持ち梁に対する境界条件は，

$$\Delta(0) = 0, \quad \Delta'(0) = 0, \quad \Delta(l) = 0, \quad \Delta'(l) = 0 \tag{6.16}$$

となる．これを一般解である式 (6.14) に代入し，少し変形すると，

$$\begin{pmatrix} \sin(kl) - \sinh(kl) & \cos(kl) - \cosh(kl) \\ \cos(kl) - \cosh(kl) & -\sin(kl) - \sinh(kl) \end{pmatrix} \begin{pmatrix} A \\ B \end{pmatrix} = 0,$$

$$C = -A, \quad D = -B, \tag{6.17}$$

となる．最初の行列方程式が自明でない解を持つためには，その行列式が 0 でなければならない．これより，kl に対する条件として，

$$\cos(kl)\cosh(kl) = 1 \tag{6.18}$$

が得られる．これを満たす kl の値は，

$$kl = 4.730,\ 7.853,\ 10.996,\ \ldots \equiv \lambda_1,\ \lambda_2,\ \lambda_3,\ \ldots \tag{6.19}$$

で与えられる．kl の値が 1 より十分大きい場合，式 (6.18) は $\cos(kl) = (\cosh(kl))^{-1} \sim 0$ と近似でき，

$$\lambda_n \sim (n + 1/2)\pi = 4.712,\ 7.854,\ 10.996,\ \ldots \tag{6.20}$$

としても十分良い値が得られる．式 (6.13) と式 (6.19) から n 次のモードの共振周波数 ω_n は，

$$\omega_n = \frac{\lambda_n^2 d}{l^2}\sqrt{\frac{E}{12\rho}} \tag{6.21}$$

で与えられる．したがって，両持ち梁の共振周波数は厚さに比例し長さの 2 乗に反比例する．n 番目の固有値に対する固有関数を $u_n(x)$ とすると，$u_n(x)$ は式 (6.14) に示した三角関数と指数関数の線形結合で記述され，

$$\frac{d^4 u_n(x)}{dx^4} = \frac{12\rho\omega_n^2}{Ed^2} u_n(x),$$
$$u_n(0) = 0, \quad u_n'(0) = 0, \quad u_n(l) = 0, \quad u_n'(l) = 0 \tag{6.22}$$

を満たす．$u_n(x)$ は直交微分演算子 d^4/dx^4 の異なる固有値に属する固有関数であるからお互いに直交する．さらに以下に示す規格化条件も満たすように選ぶことができる．

$$\int_0^l u_i(x) u_j(x) \frac{dx}{l} = \delta_{ij} \tag{6.23}$$

この固有関数を用いて，波動方程式 (6.10) の一般解は，s_i, c_i を長さの次元を持つ任意の定数として，次式で与えられる．

$$\delta(x,t) = \sum_{i=1}^{\infty} (s_i \sin \omega_i t + c_i \cos \omega_i t) u_i(x) \tag{6.24}$$

$u_n(x)$ の最初の三つを図 6.9 に示す．

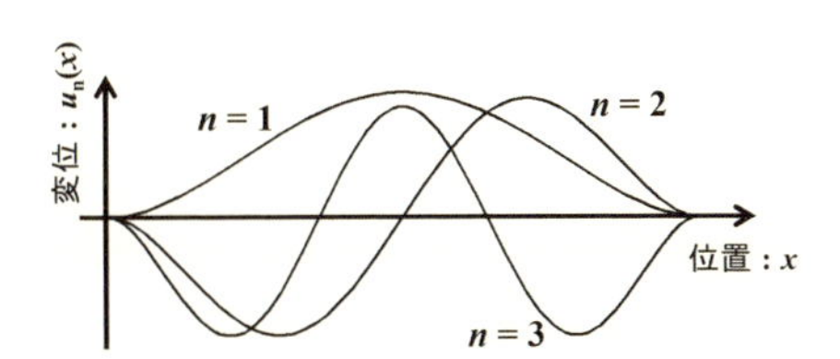

図 **6.9** $n = 1$, 2, 3 に対する固有関数

カンチレバーの場合も同様に固有値を得ることができる．境界条件は，$x = l$ の位置において曲げモーメントならびに力が加わっていないとおけばよい．式 (6.7), (6.8) より

$$\Delta(0) = 0, \quad \Delta'(0) = 0, \quad \Delta''(l) = 0, \quad \Delta'''(l) = 0 \tag{6.25}$$

これより kl の値は，

$$kl = 1.875,\ 4.694,\ 7.855,\ \ldots \tag{6.26}$$

で与えられる．両持ち梁の場合と同様に

$$kl \sim \left(n - \frac{1}{2}\right)\pi = 1.571,\ 4.712,\ 7.854,\ \ldots \tag{6.27}$$

で近似できる．

6.3.3 機械共振器

さて，次に実際の梁やカンチレバーにおいて，この共振周波数がどの程度になるかを調べてみよう．表6.2はGaAsに対して求めたアスペクト比 (l/d) が20のカンチレバーならびに両持ち梁の共振周波数を示す．式(6.21)から明らかなように，長さと厚さの比が一定の場合，機械共振器の共振周波数は長さのスケールに反比例する．

表6.2 GaAsカンチレバー $(E = 8.5 \times 10^{10}\ \mathrm{N/m^2})$ に対する共振周波数数．$l = 20d$ を仮定．

l	1 mm	100 μm	10 μm	1 μm	100 nm
カンチレバー	32 kHz	320 kHz	3.2 MHz	32 MHz	320 MHz
両持ち梁	200 kHz	2 MHz	20 MHz	200 MHz	2 GHz

このように微小な機械構造のもう一つの重要な特徴は，微細化により高い周波数の共振が得られる点であり，ナノスケールの梁の共振周波数はGHz領域に入ることがわかる．この特徴は梁の量子力学的性質を調べる上で極めて重要な性質である（6.7節）．カリフォルニア工科大学のA. ClelandとM. Roukesはシリコンの側面エッチングを巧みに使い，このような高周波の微小機械振動子を作製し，その共振特性を報告した[82]．作製した梁の長さは7.7 μm, 厚さは0.33 μmであり，得られた共振周波数は70.72 MHzであった．この仕事は，その後ナノメカニクスの研究が大きく進展するきっかけを与えたものである（図6.10）．

次に，このような微小共振器を作製するのに使われる材料的な側面を整理しておく．一般に高周波ならびに低エネルギーということで考えると，式(6.13)より明らかなように，ヤング率 E が大きく，かつ軽い材料が適していることになる．上に述べたSiは，最も頻繁に使われている材料の一つである．Siを用いることのメリットは優れた機械特性と精密な微細加工技術が確立している点である．その延長線上としてCVD成長したSiNも最近よく使われるようになってきた．SiNは単結晶ではないが，極めてシャープな共振特性を有する共振器が作製できる[83]．この理由は，CVD成長において加えられる高い引っ張り歪である．共振周波数を共振幅で割った値を Q 値と呼ぶが，一般に引っ張り歪は Q 値を桁違いに高くすることが知られており，室温で100万を超える Q 値の報

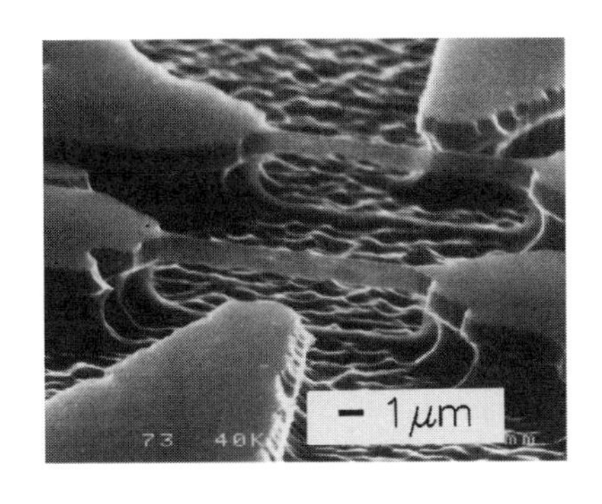

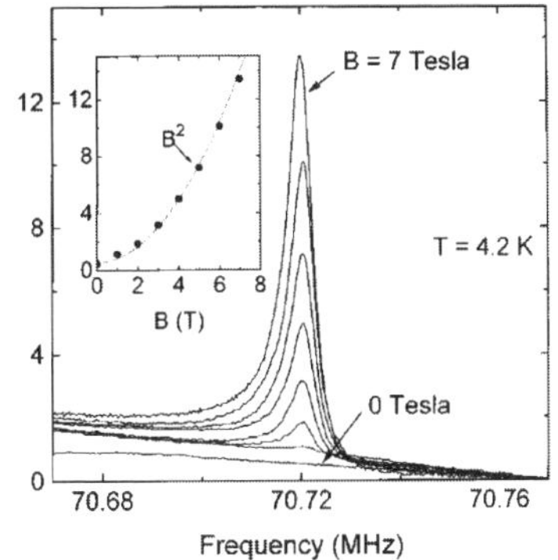

図 **6.10**　Cleland らが作製した Si 両持ち梁構造と機械共振特性．文献[82]から転載．

告がある[84]．一方，圧電材料の利用も行われている[85~88]．圧電材料とは歪を加えると結晶が分極し，結晶の両端に電圧を発生する材料である．したがって，発生する電圧を測定することにより，梁の振動を電気的に検出できる．また，逆に電圧を加えると内部応力が発生するため，梁の振動を駆動することができる．このように自己励振・検知が可能な電気機械共振器が作製できるという特徴があり，PZT や ZnO などの代表的な圧電材料に加え，化合物半導体を用いた研究も行われている．分子線エピタキシや有機金属気相成長法などを用い，原子レベルで平坦な界面を有する単結晶ヘテロ構造を共振器に組み込むことが可能であり，多機能のメカニカル共振器の実現が期待される．SiN と同様に歪により共振特性を向上させることも可能である[88]．化合物半導体は光半導体としての機能も有し，光素子との機能融合も期待できる．また，最近では AlN の利用が活性化している[89~91]．まだ多結晶薄膜の場合が多いが AlN は圧電係数が大きいため，より高速かつ高効率の電気機械変換が可能である．もう一つ触れておかなければいけない重要な材料系は，カーボン系材料である．カーボンナノチューブやグラフェンなどのカーボン系材料は，ともにナノスケールのメカニカル共振器の研究において最も注目されている材料系の一つである[92~96]．小さな質量と高い剛性，表面を含めてすべて単結晶で構成されているという優れた物性は，ナノスケールのメカニカル共振器に最も理想的な材料であると言える．

6.3.4 調和振動子としての記述

さて，この機械振動子の一つの振動モードを調和振動子として扱うと便利である．このような取り扱いは直感的に問題ないように思えるが，念のため連続体の方程式 (6.10) から直接導き出しておこう．後にパラメトリック共振器の説明を行うのに都合の良いように，ここではハミルトニアン形式で記述しておく．

式 (6.10) は，下記のハミルトニアンに対する正準方程式として導き出される．

$$H[\Pi, \delta] = \int_0^l \left[\frac{\Pi^2}{2\rho A} + \frac{EI_y}{2} \left(\frac{\partial^2 \delta}{\partial x^2} \right)^2 \right] dx \tag{6.28}$$

ここで $\Pi(x,t) = \rho A \dot{\delta}(x,t)$ は変位 $\delta(x,t)$ に対する正準共役な運動量密度，$A = dw$ は梁の断面積，$I_y = d^3 w/12$ は梁の断面 2 次モーメントである．正準方程式は

$$\frac{d\delta(x)}{dt} = \frac{\delta H}{\delta \Pi(x)}, \quad \frac{d\Pi(x)}{dt} = -\frac{\delta H}{\delta \delta(x)} \tag{6.29}$$

で与えられるが[97]，第 1 式は運動量密度の定義，第 2 式は方程式 (6.10) を与えることは容易に確認できる．さて $\Pi(x,t)$ も $\delta(x,t)$ と同じ境界条件（例えば両持ち梁の場合は式 (6.16)）を満たすから，これらは

$$\delta(x,t) = \sum_{i=1}^{\infty} q_i(t) u_i(x), \quad \Pi(x,t) = \sum_{i=1}^{\infty} p_i(t) u_i(x)/l \tag{6.30}$$

と展開できる．これらを式 (6.28) に代入すると，式 (6.22) ならびに正規直交条件 (6.23) よりハミルトニアンを p_i, q_i で表すことができる．

$$H[p,q] = \sum_{i=1}^{\infty} \left(\frac{p_i^2}{2m} + \frac{m\omega_i^2 q_i^2}{2} \right) \tag{6.31}$$

ここで $m = \rho l A$ は梁全体の質量である．これは，p_i, q_i をそれぞれ正準共役な座標と運動量とした調和振動子集団のハミルトニアンに他ならない．この結果は，この梁がそれぞれのモードの固有振動数を持つ調和振動子の集合とみなせることを示している．

さて，現在のモデルではモード間の相互作用はないため，ハミルトニアン (6.31) のひとつのモードのみを抜き出して扱うことができる．対象とするモードに対する p_i, q_i, λ_i の添え字を省略し，共振周波数を ω_0 と書き直すと，このモードに対するハミルトニアン H_0 ならびに正準方程式は

$$H_0(p,q) = \frac{p^2}{2m} + \frac{m\omega_0^2 q^2}{2}, \quad \omega_0 = \frac{\lambda^2 d}{l^2}\sqrt{\frac{E}{12\rho}} \tag{6.32}$$

$$\dot{q} = \frac{\partial H}{\partial p} = \frac{p}{m}, \quad \dot{p} = -\frac{\partial H}{\partial q} = -m\omega_0^2 q \tag{6.33}$$

で与えられる．これより q に対する運動方程式

$$m\ddot{q} = -m\omega_0^2 q \tag{6.34}$$

が導かれるのは周知の事実である．

次に周期的な外力 $F_0\cos(\omega t+\Delta)$ が働いた調和振動子の共振特性をおさらいしておこう．運動方程式は摩擦係数を $\Gamma = m\gamma \equiv m\omega_0/Q$ とすると，

$$\begin{aligned} m\ddot{q} &= -\Gamma\dot{q} - m\omega_0^2 q + F_0\cos(\omega t+\Delta) \\ &= -m\omega_0 Q^{-1}\dot{q} - m\omega_0^2 q + F_0\cos(\omega t+\Delta) \end{aligned} \tag{6.35}$$

となる．ここで Q は先に触れた共振の鋭さを示すパラメータである．一般に系の摩擦が減ると共振は鋭くなり Q 値は増大する．さて，複素表示

$$q(t) = Re[\hat{q}(t)], \quad F_0\cos(\omega t+\Delta) = Re[\hat{F_0}e^{i\omega t}], \quad \hat{F_0} = F_0 e^{i\Delta} \tag{6.36}$$

を用いると，式 (6.35) は以下の複素方程式の実部で与えられる．

$$m\ddot{\hat{q}} + m\omega_0 Q^{-1}\dot{\hat{q}} + m\omega_0^2\hat{q} = \hat{F_0}e^{i\omega t} \tag{6.37}$$

定常解を求めるために $\hat{q}(t) = \hat{q_0}e^{i\omega t}$ とおくと，式 (6.37) より，

$$\hat{q_0} = \chi_0(\omega)\hat{F_0}, \quad \chi_0(\omega) \equiv \frac{1}{m}\left(\omega_0^2 - \omega^2 + \frac{i\omega_0\omega}{Q}\right)^{-1} \tag{6.38}$$

が得られる．ここで $\chi_0(\omega)$ は複素感受率と呼ばれ，周期的な外力に対する振動子の応答を表現する関数である．結局，定常解は

$$\begin{aligned} q(t) &= Re\left[\chi_0(\omega)\hat{F_0}e^{i\omega t}\right] = |\chi_0(\omega)|F_0\cos(\omega t+\Delta'), \\ \Delta' &= \arg[\chi_0(\omega)] + \Delta \end{aligned} \tag{6.39}$$

で与えられる．また $|\omega-\omega_0| \ll \omega_0$ の場合，振動エネルギーは，

$$\begin{aligned} E &= \frac{m\dot{q}^2}{2} + \frac{m\omega_0^2 q^2}{2} = \frac{m|\chi_0(\omega)|^2 F_0^2\omega_0^2}{2}\left[1 + \frac{\omega^2-\omega_0^2}{\omega_0^2}\sin^2(\omega t+\Delta')\right] \\ &\sim \frac{m\omega_0^2}{2}|\chi_0(\omega)|^2 F_0^2 \end{aligned} \tag{6.40}$$

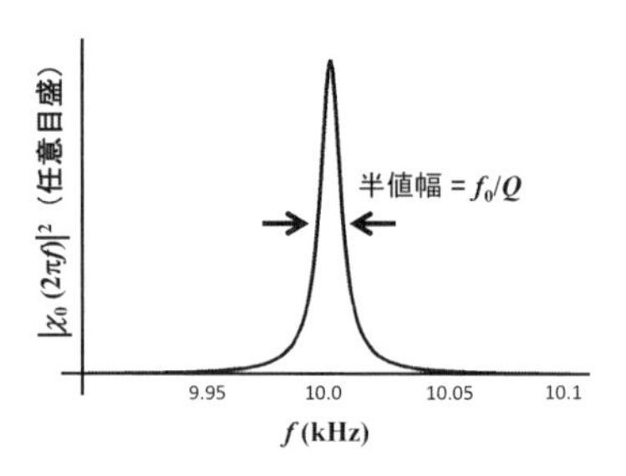

図 6.11　$Q = 1{,}000,\ f_0 = 10\,\mathrm{kHz}$ としたときの $|\chi_0(2\pi f)|^2$

と近似できる．これより $|\chi_0(\omega)|^2$ は振動エネルギーの周波数依存性を与えることがわかる．$Q = 1,000$ として，$|\chi_0(\omega)|^2$ を $f = \omega/2\pi$ の関数としてプロットしたものを図 6.11 に示す．振動エネルギーは $f = f_0 \equiv \omega_0/2\pi$ において最大値をとり，$f = f_0 \pm f_0/2Q$ において，その半分の値をとる．これより Q は共振周波数をエネルギー半値幅で割ったものとして求められることがわかる．

6.3.5　非線形振動と双安定性

次に系が非線形性を持つ場合，梁の共振特性がどのようになるかについて説明する．非線形性は微小機械共振器の最も興味深い特徴の一つである．ハミルトニアン (6.28) は変位 δ について 2 次なので，最低次の非線形性は δ^3 に比例する項で与えられる．しかし，この項は梁の表と裏の反転に対し反対称な寄与を与え，また $\delta \to +\infty$ あるいは $\delta \to -\infty$ のどちらかに対して負の無限大となるため，大きな振幅に対する不安定性を引き起こす．そこで，一般には δ^4 に比例する項で与えられる非線形性が取り扱われることが多い．このような非線形性をダフィング非線形性，対応する振動子をダフィング振動子と呼ぶ．両持ち梁の場合のダフィング非線形性は，梁の伸びによる張力によって引き起こされることを次に示そう．

図 6.12 に示すように，変位 $\delta(x)$ が与えられた場合の梁全体の伸び Δl は

$$\Delta l = \int_0^l dx \sqrt{1 + \left(\frac{\partial \delta}{\partial x}\right)^2} - l \tag{6.41}$$

で与えられる．一方，梁の伸びに対するバネ定数は式 (6.2) より Ewd/l で与えられるから，梁の伸びを考慮に入れたハミルトニアンは

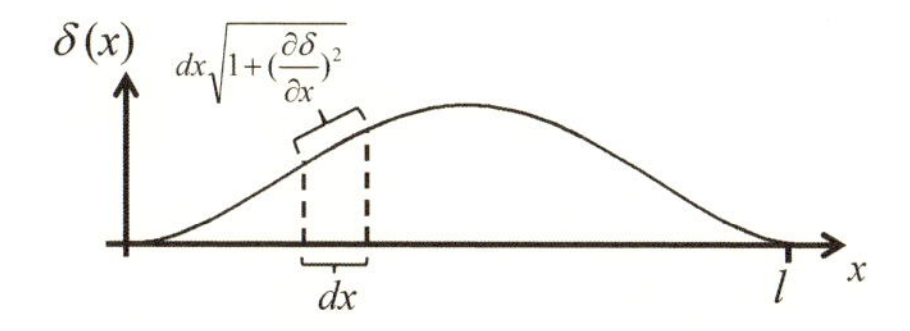

図 **6.12**　変位した梁における微小素片の長さ

$$H[\Pi,\delta]=\int_0^l\left[\frac{\Pi^2}{2\rho A}+\frac{EI_y}{2}\left(\frac{\partial^2\delta}{\partial x^2}\right)^2\right]dx+\frac{Ewd}{2l}\Delta l^2$$

$$\sim\int_0^l\left[\frac{\Pi^2}{2\rho A}+\frac{EI_y}{2}\left(\frac{\partial^2\delta}{\partial x^2}\right)^2\right]dx+\frac{Ewd}{8l}\left[\int_0^l\left(\frac{\partial\delta}{\partial x}\right)^2dx\right]^2 \quad (6.42)$$

で与えられる．ここで梁の傾き $\partial\delta/\partial x$ は十分小さいとして式 (6.41) の平方根の引数を $\partial\delta/\partial x$ の冪で展開し，その最低次の項のみを残した．梁の伸びに対して働く張力により，変位に関して 4 次の非線形性が導かれることがわかる．さらに式 (6.30) を代入すると，

$$H[p,q]=\sum_{i=0}^{\infty}\left(\frac{p_i^2}{2m}+\frac{m\omega_i^2q_i^2}{2}\right)+\frac{EV}{8}\left(\sum_{i,j=1}^{\infty}d_{ij}q_iq_j\right)^2,$$

$$d_{ij}=\int_0^l u_i'(x)u_j'(x)\frac{dx}{l} \quad (6.43)$$

が得られる．ここで V は梁の体積である．この式から明らかなように，梁の伸縮は一つのモードに対する非線形性のみならず，異なるモード間の相互作用も引き起こす．これについてはこれ以上詳しく述べないが，異なるモード間の結合を導き出す効果として，最近盛んに研究されている[98~100]．このような異なるモード間の相互作用を無視し，ある一つのモードだけに着目した場合，そのハミルトニアンと周期的な外場に対する運動方程式は，

$$H_0(p,q)=\frac{p^2}{2m}+\frac{m\omega_0^2q^2}{2}+\frac{cq^4}{4},\quad c=\frac{EV}{2}\left(\int_0^l u'^2\frac{dx}{l}\right)^2 \quad (6.44)$$

$$m\ddot{q}+m\omega_0Q^{-1}\dot{q}+m\omega_0^2q+cq^3=F_0\cos(\omega t+\Delta) \quad (6.45)$$

で与えられ，ダフィング非線形項が得られる．振動振幅が大きくなると，変位の 4 乗に比例する梁全体の伸縮によるエネルギーが無視できなくなり，運動方程

式に3次の非線形性が現れるということになる．ちなみに，このようなダフィング非線形項を含む調和振動子の運動方程式をダフィング方程式と呼ぶ．

ダフィング方程式に対する振動解を求めよう．まず大雑把な振る舞いを把握するため式 (6.45) を書き直すと，

$$\ddot{q}+\gamma\dot{q}+\omega_0^2(1+\alpha q^2)q=\frac{F_0\cos(\omega t+\Delta)}{m}\quad\left(\gamma=\frac{\omega_0}{Q},\quad \alpha=\frac{c}{m\omega_0^2}\right)\tag{6.46}$$

となる．この式の意味するところは何だろうか．線形振動子からの類推で左辺第3項をバネによる復元力と考えると，非線形性の影響は「平均的なバネ定数が振動によって変化すること」と考えることができる．q^2 の項は周波数 2ω で振動するが，これは共振周波数 ω_0 に比較して圧倒的に早い振動であるため，振動子は平均値のみを感じることになる．すなわち，振動子が感じる実効的なバネ定数を k_{eff} とすると，

$$k_{\mathrm{eff}}\sim k_0(1+\alpha\langle q^2\rangle)\quad(k_0=m\omega_0^2)\tag{6.47}$$

となり，$c>0$ $(\alpha>0)$ の場合には振動振幅の増加とともにバネは固くなっていく．このような非線形性を通常ハードニング型 (hardening nonlinearity) と呼ぶ．図 6.13(a) に強制振動をさせた非線形振動子に対する共振特性を $c>0$ の場合に対して示す．励振周波数が共振周波数と一致すると共振が起き，振動振幅が増加する．この振幅の増加により実効的なバネ定数は上昇し，共振ピークは高周波数側にシフトする．興味深い点は，このシフトが大きくなると，本

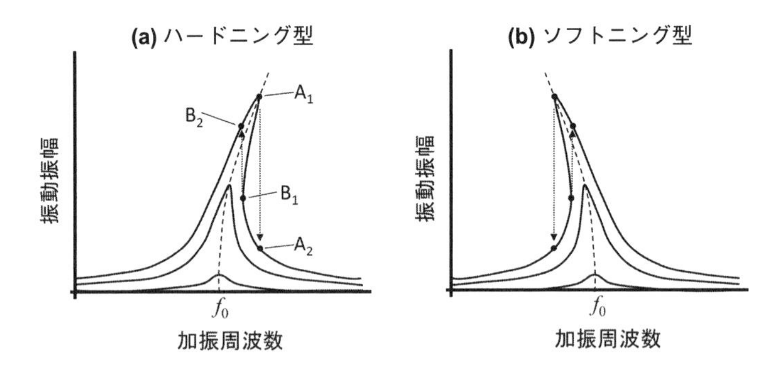

図 6.13　ダフィング振動子の共振特性．(a) 非線形項の係数 c が正の場合．周波数を上げていくとき，振幅は A_1 から A_2 にジャンプする．一方周波数を下げていくとき，振幅は B_1 から B_2 にジャンプする．(b) 非線形項の係数が負の場合．

来の共振周波数より少し高い周波数領域において三つの異なる振幅に対して振動解が得られるということである．このうち中振幅の振動解は，外部からの小さな揺らぎに対して容易に他の二つの解に移動する不安定解であるため，実際には大振幅（$\mathrm{A_1, B_2}$），ならびに小振幅（$\mathrm{A_2, B_1}$）の二つの解のみが存在する．この双安定性は非線形振動子の最も重要な特徴の一つである．大雑把に言うと，非線形性の次数が上がるにつれ，その振動解の数も増加する．これは，一般に n 次方程式の解が n 個存在することに由来することは言うまでもない．この双安定性の影響により，梁の共振特性は周波数を上げていった場合と下げていった場合で異なる依存性を示し，いわゆるヒステリシス特性が得られる．本来，c の値は式 (6.44) より明らかなように正値であるが，梁に応力がかかっている場合など負の値をとることもある．この場合，共振特性は図 6.13(b) のように低周波数側で双安定性を持つことになる（ソフトニング型非線形性，softening nonlinearity）．

この方程式を解くことは難しくはないが，多くの力学の教科書にすでに解説されているので[101]，ここではその導き方は割愛し最終的に重要となる結果のみを記載しておく．双安定性が生じる境界点では，以下の条件が満たされる[102]．

$$\frac{\omega-\omega_0}{\omega_0}=\frac{\sqrt{3}\gamma}{2},\quad X^2=\frac{8}{3\sqrt{3}Q\alpha} \tag{6.48}$$

ここで X は境界点における振動振幅である．ダフィング振動子の励振強度を増やしていくと，ある点から非線形性による不連続が生じ始めるが，(6.48) はその点における周波数と振幅を示す．α は式 (6.44) より求まるため，この式より梁の非線形性が出始める点における振幅が求まることになる．この結果は実験的に重要であり，振動振幅の大きさを共振特性から求める手段として，しばしば用いられる．また，この点は「分岐点」(bifurcation point) と呼ばれ，非線形力学において非常に重要な役割を果たすことが知られている．その近傍での振動子の振る舞いは相転移に関する Landau の現象論と同様な扱いができ興味深い．ここでは紙幅の関係で詳しく述べないが，興味のある読者は文献[103] を参照してほしい．一方，応用技術としては，ここで示した非線形性から生じる双安定性を用い，梁構造によるメモリーが提案されている[104]．

問題 6.2：　式 (6.21) を用いて，アスペクト比（l/d）が 100 の場合，1 GHz

の周波数を得るにはどのようなサイズのカンチレバーを GaAs で作製すればよいかを求めよ．また，両持ち梁の場合はどうか．

式 (6.21) より $d = 0.01 \cdot l$ を代入すると $l = \frac{0.01\lambda^2}{\omega}\sqrt{\frac{E}{12\rho}}$ となる．

最低モードの梁構造を考えた場合，$\lambda = 4.73$，$E = 8.5 \times 10^{10}\,\mathrm{N/m^2}$，$\rho = 5.32 \times 10^3\,\mathrm{kg/m^3}$ を用いると，1 GHz の共振周波数を与える梁の長さは 41 nm になる．このとき厚さは 0.4 nm となり，GaAs の 1〜2 分子層程度の厚さになってしまう．したがって，最低モードを用いて 1 GHz の共振周波数を実現するのは現実的ではない．そこで高次のモードを用いることを考える．例えば第 3 モードでは $\lambda = 11.0$ なので，梁の長さと厚さは 220 nm と 2.2 nm となる．

6.4 熱揺らぎと揺動散逸定理

前節では弾性体に対するオイラー・ベルヌーイ方程式から出発し，一様な梁の運動が多数の調和振動子，すなわち振動モードに分解できることを示した．また，両持ち梁の場合には振動により梁の平均の長さが伸びるため，振動振幅の増加とともに共振周波数が増える効果，すなわち，ダフィング非線形性がみられることを導いた．これらの性質は，基本的に外から周期的な外力を加えたときの振動子の応答に関するものである．では，一切外力が加わっていない場合，物理的に何も興味深い現象は起こらないのであろうか．ちょっと考えると，梁の振動は止まったままのように思えるが，実は有限温度ではそうではない．T を温度，k_B をボルツマン定数とすると，統計力学で習ったように，すべての力学自由度は平均で $k_\mathrm{B}T/2$ の運動エネルギーを持っているはずである．このエネルギー等分配の法則を，ここで考えている梁構造に当てはめるとどういうことになるだろうか．

先に示したように，梁の力学系は複数の調和振動子の集合とみなすことができる．簡単のため，一つのモード，例えば最も周波数が低い基本モードの振動に着目しよう．この調和振動子も，やはり $k_\mathrm{B}T/2$ の運動エネルギーを持つことになる．これはすなわち，有限温度の梁はこのエネルギーの振動を常に行っているということを意味する．物理的には，外界の様々な力学自由度（熱浴：reservoir）と相互作用し，常にエネルギーの出入りが行われていることを意味する．例えば，空気中におかれた梁は空間を飛び回っている分子との衝突によって頻繁に微小な撃力を受け，後で図 6.15 でみるように，その度ごとに振動の振幅と位相を変化させる．この振動エネルギーの平均値を求めると，それが $k_{\mathrm{B}}T/2$ になるわけである．この事情は例えば真空中におかれた梁に対しても同じである．空気分子とは衝突しないにしても，梁自体が持つ格子振動（フォノン）などの多くの力学自由度と相互作用を行う結果，やはり $k_{\mathrm{B}}T/2$ の振動エネルギーを持つことになる．

しかし例えば，お寺の鐘が熱振動していることが感じられるかというと，そんなわけはない．「鐘をあたためると鐘の音が聞こえてくる」，などという現象は聞いたことがない．これはなぜかというと熱振動の大きさが著しく小さいからである．調和振動子の平均のポテンシャルエネルギーは，q を変位とすると $m\omega_0^2\langle q^2\rangle/2$ で与えられるが，例えば共振周波数として 1 kHz，鐘の重さとして 100 kg を代入すると，室温における平均の揺らぎの大きさ $\sqrt{\langle q^2\rangle} = \sqrt{k_{\mathrm{B}}T/m\omega_0^2}$ は，10^{-15} m という途方もなく小さな値になる．一般に購入できる最も高感度の変位計としてドップラー干渉計があるが，その感度は市販品で $10^{-13}\,\mathrm{m}/\sqrt{\mathrm{Hz}}$ 程度であり，このようなマクロな振動子の熱振動は，最先端の測定装置を用いても検出できない程度に小さい．一方，長さが 100 μm，厚さが 1 μm，幅 10 μm のシリコンのカンチレバーを考えると，その共振周波数は 137 kHz，質量は 2.33×10^{-12} kg となり，室温での熱振動は約 5×10^{-11} m の大きさとなる．この振動はドップラー干渉計により十分測定が可能である．このように，微細な機械共振器では熱浴との相互作用による揺らぎ，すなわち調和振動子のブラウン運動が直接観測できる．この事実は，熱揺らぎに関する物理現象を実験的に調べる上で重要であり，センサーなど共振器の小さな変形を検出する応用技術においては素子の検出限界を与える．本節ではこのような視点に立ち，微小振動子における熱揺らぎについて述べることにする．

6.4.1 熱揺らぎによる梁の振る舞い

さて，再び空気と相互作用している梁の描像に戻ろう．梁が熱浴と相互作用する結果，$k_\mathrm{B}T/2$ の平均エネルギーを持つ振動の振幅と位相は頻繁に変化し続ける．このときに起きる現象のイメージをつかむために，数値計算により梁の運動をシミュレーションしてみよう．簡単のために梁の質量 m は 1 とおく．梁の運動方程式

$$\ddot{q} + \frac{\omega_0}{Q}\dot{q} + \omega_0^2 q = F_\mathrm{th}(t) \tag{6.49}$$

において，外力 $F_\mathrm{th}(t)$ を，ある一定の時間間隔で値が変わる乱数とする．ある時刻におけるこの力の大きさは，その前後の力の大きさには全く関係ないとする．このような力は，気体分子などの熱浴との相互作用によって加わるランダム力に対応している．分子が与える撃力の作用時間は大変短く，前に衝突した分子と次に衝突する分子が与える力はお互いに相関がないと考えることができる．そのイメージは，例えば図 6.14(a) のようなものである．このグラフは $10\,\mu$s 間隔で -0.5 から 0.5 の間のランダムな値をプロットしたものである．

このように，異なる時間における力の大きさに何ら相関がないランダムな信号を白色ノイズと呼び，その周波数スペクトルは周波数に依存せず一定の値を

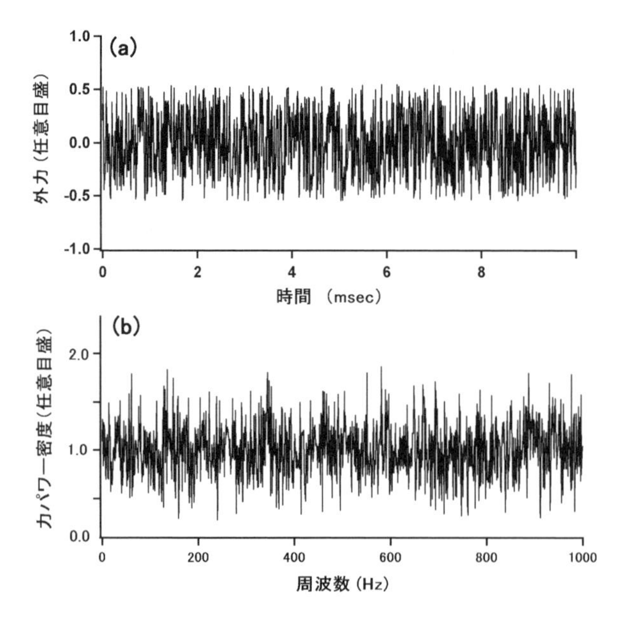

図 6.14　(a) 梁に加えるランダム力 $F_\mathrm{th}(t)$ と (b) そのパワースペクトル密度 $J_F(\omega)$

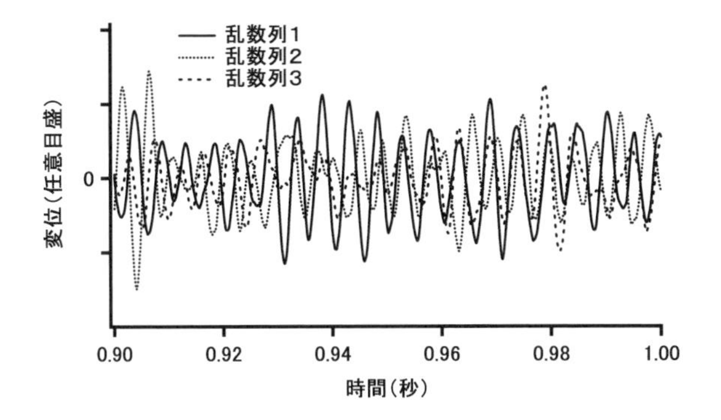

図 6.15　図 6.14(a) と同様の白色ノイズ力を加えたときの機械振動子の変位変化．力を加え始めてから 0.9〜1.0 秒後．三つの異なる乱数列に対して計算を行った結果．

となる．実際，この白色ノイズに対してフーリエ変換の絶対値の 2 乗，すなわちパワースペクトル密度と呼ばれる値，

$$J_F(\omega) \equiv \lim_{T_0 \to \infty} \frac{1}{2T_0} \left| \int_{-T_0}^{T_0} F_{\mathrm{th}}(t) e^{-i\omega t} dt \right|^2 \qquad (6.50)$$

を計算すると，周波数に依存しない一定の値となることがわかる（図 6.14(b)）これが白色ノイズと呼ばれる理由である．さて，このようなランダム力が加わったときに，$q(t)$ の変化がどのようになるかを数値計算で求めてみよう．梁の共振周波数を 200 Hz，Q を 10 とする．差分方程式として取り扱う上での時間単位 10 μs は振動周期よりも十分小さな値である．このランダム力を加えた場合の式 (6.49) の解を求め，十分時間が経った後の $q(t)$ を，三つの異なる乱数列に対して求めたものを，図 6.15 に示す．

与えている力はランダムであるにもかかわらず，梁の運動は共振周波数に対応する周期で振動していることがわかる．また，ランダム力の影響から，この振動は完全な正弦波ではなく，振幅ならびに位相が揺らいでいる．さらには，異なるランダム力に対して，振動の振幅ならびに位相が異なっていることもわかる．このように，熱浴との相互作用により梁はランダムな力を受けるが，梁が共振周波数を持つことにより梁の運動はある程度の周期性を持つ．その振幅は平均値としては決まった値を持つものの，ある程度のばらつきを持ち，また位相に至っては 0 から 2π の任意の値に変動する．

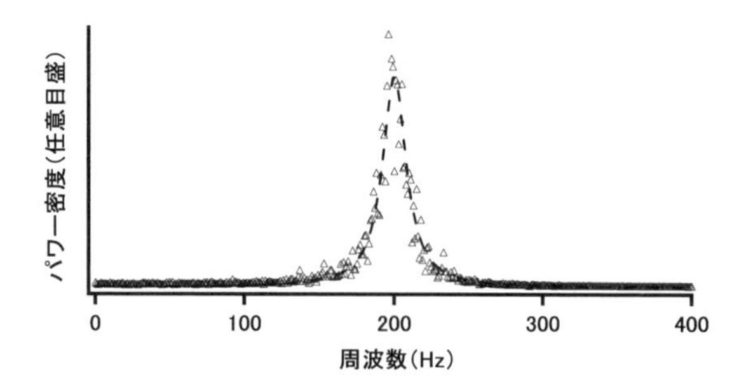

図 6.16　図 6.14(a) に示された白色ノイズ力を加えたときの機械振動子の変位 q のパワースペクトル密度．ここでは $T_0 \to \infty$ の極限はとらず，共振器の緩和時間 $Q/\omega_0 = 0.008$ 秒より十分大きな $T_0 = 0.5$ 秒を用いて計算した．

ではこのばらつき，すなわち揺らぎの大きさをより定量的に解析してみよう．図 6.15 の結果に対し，変位 q のパワースペクトル密度

$$J_q(\omega) \equiv \lim_{T_0 \to \infty} \frac{1}{2T_0} \left| \int_{-T_0}^{T_0} q(t) e^{-i\omega t} dt \right|^2 \tag{6.51}$$

を数値的に求めることにより，どの程度正確な正弦振動を行っているかが評価できる．図 6.16 にその計算結果を示す．

驚くことに，正弦的な外力によって励振した場合の周波数応答のスペクトル（図 6.11）と，ほぼ同じ振る舞いを示しているではないか．すなわち，共振周波数 $f_0 = 200\,\mathrm{Hz}$ を中心とし，半値幅が $f_0/Q \sim 20\,\mathrm{Hz}$ のローレンツ型のスペクトル形状を示している．（図中点線はローレンツ関数によるフィッティングである．）このことはちょっと考えると，あたりまえのようにも思えるが，実は振動の揺らぎの特徴が系の摩擦と関係しているという意味においては，励振した場合の周波数応答のスペクトルとは異なる物理的な意味を持っていることになる．さらに考察を進めると，外力として加えられる揺らぎ（揺動）と摩擦（エネルギー散逸）は全く無関係ではないことがわかる．このことは次の項で揺動散逸定理として明らかにされる．

6.4.2　ランジュバン方程式と揺動散逸定理

このような摩擦と揺らぎの関係をより定式化するためにランジュバン方程式を導入しよう．まず，簡単のために調和振動子ではなく，自由粒子の運動に対

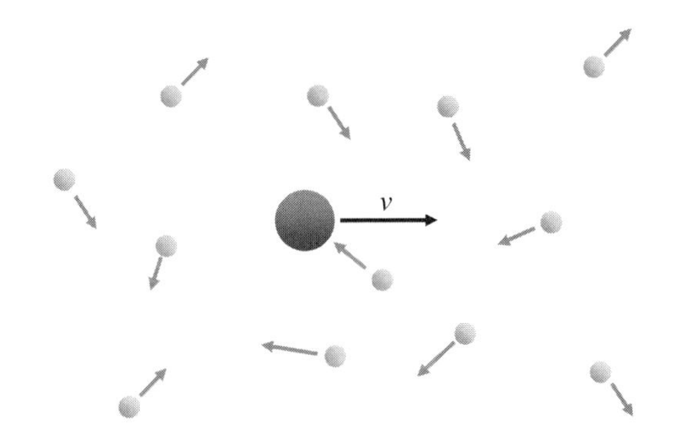

図 6.17　ブラウン運動を表す模式図．速度 v で運動する粒子が気体分子と衝突する．v が有限であることから生じる摩擦力を除き，ある衝突と次の衝突は無関係であるため，衝突により加えられるランダム力は白色ノイズと考えることができる．

して考察する．図 6.17 は気体分子の中を速度 v で運動する粒子を示している．粒子は気体分子よりずっと重く，1 回の衝突程度では大きく運動を変えることはなく，何度も衝突を繰り返しながら，徐々に速度を落としていく．さて，この粒子に対する運動方程式はどのようになるのであろうか．

もちろん厳密に運動を記述するには，粒子とすべての分子に対する運動方程式を連立して解く必要があるが，それは現実的には不可能である．ならば，粒子は気体分子とランダムに衝突すると考え，受ける撃力が白色スペクトルを持つと仮定してみる．具体的には，

$$m\ddot{q} = F_{\mathrm{col}}(t) + F_{\mathrm{ext}}(t) \tag{6.52}$$

となり，空気分子との衝突で加えられる力，$F_{\mathrm{col}}(t)$ は白色スペクトルを有するランダム力であると仮定するわけである．ここで，粒子に加えられる外力を F_{ext} とおいた．続けて衝突する二つの分子の間の相関は極めて小さいと考えられることが，白色ノイズを仮定する根拠である．この式と，先ほど数値計算した調和振動子に対する運動方程式 (6.49) を比較すると，バネ定数の項以外に抜けている項があることに気づく．そう，摩擦の項である．では方程式 (6.49) にならい，式 (6.52) に摩擦の項を加えるべきであろうか．だが待てよ．もともと摩擦は何が原因だったかというと，粒子が空気分子と衝突することから引き起こされるものである．ならば摩擦の項は式 (6.52) の $F_{\mathrm{col}}(t)$ に含まれていると

考える方が自然である．$F_{\rm col}(t)$ はランダム力により構成されているが，その平均的な振る舞いが摩擦項を導くわけである．そこで $F_{\rm col}(t)$ を二つに分解し，一つは平均的な振る舞いである速度に比例する摩擦力，残りが平均値が 0 の白色ノイズと仮定する．すなわち

$$F_{\rm col}(t) = -m\gamma\dot{q}(t) + F_{\rm wh}(t) \tag{6.53}$$

とおく．多くの同様の系を想定し，それらのアンサンブル平均を行うと，揺らぎの効果はキャンセルし $F_{\rm col}(t)$ は $-m\gamma\dot{q}(t)$ に一致するはずである．すなわち，$\langle F_{\rm wh}(t)\rangle = 0$ が成り立つ．まとめると，運動方程式は，

$$m\dot{v}(t) = -m\gamma v(t) + F_{\rm wh}(t) + F_{\rm ext}(t),$$

$$v(t) = \dot{q}(t), \quad \langle F_{\rm wh}(t)\rangle = 0 \tag{6.54}$$

で与えられる．この式を自由粒子に対するランジュバン方程式と呼ぶ．一見，通常の運動方程式と同じ形をしているが，大事な点は，第 1 式右辺の第 1 項と第 2 項は，分子との衝突という同じ現象に起因していることである．

さて，このランジュバン方程式から何が言えるだろうか．分子と平衡にあり，外力がない場合（$F_{\rm ext}(t) = 0$）を考える．両辺に $v(t_0)$ を乗じてアンサンブル平均をとると

$$m\frac{d}{dt}\langle v(t)v(t_0)\rangle = -m\gamma\langle v(t)v(t_0)\rangle + \langle F_{\rm wh}(t)v(t_0)\rangle \tag{6.55}$$

今，$t > t_0$ とすると，t_0 より将来である時刻 t に加わるランダム力 $F_{\rm wh}(t)$ と t_0 における速度 $v(t_0)$ には相関がないはずであるから

$$\langle F_{wh}(t)v(t_0)\rangle = \langle F_{wh}(t)\rangle\langle v(t_0)\rangle = 0 \tag{6.56}$$

が導かれる．それゆえ $\phi_v(t,t_0) = \langle v(t)v(t_0)\rangle$ として速度 $v(t)$ の相関関数，すなわち「t_0 と t の二つの異なる時間における速度が，お互いにどのように関連しているか」を示す関数を定義すると，式 (6.54)，(6.55) および (6.56) より

$$m\frac{d}{dt}\phi_v(t,t_0) = -m\gamma\phi_v(t,t_0) \tag{6.57}$$

この微分方程式は容易に解けて，

$$\phi_v(t, t_0) = Ce^{-t/\tau}, \quad \tau = 1/\gamma \tag{6.58}$$

が得られる．$t \to t_0$ の極限をとり，エネルギー等分配の法則を用いると C が求まり，

$$\phi_v(t_0, t_0) = \langle v(t_0)^2 \rangle = \frac{k_B T}{m} = Ce^{-t_0/\tau}$$

$$\therefore \quad C = \frac{k_B T e^{t_0/\tau}}{m} \tag{6.59}$$

したがって，相関関数 $\phi_v(t, t_0)$ は $t - t_0$ の関数で，

$$\phi_v(t, t_0) = \langle v(t)v(t_0) \rangle = \frac{k_B T}{m} \exp\left(-\frac{t - t_0}{\tau}\right), \quad \tau = 1/\gamma \quad (t > t_0) \tag{6.60}$$

が得られる．すなわち，加わる力は白色ノイズであって異なる時間の間で全く相関はないと仮定したが，粒子の方は重いため分子と衝突しても大きく運動を変えることはなく，時間が経ってもある程度の相関を維持することになる．その時間スケールが緩和時間 $\tau = 1/\gamma$ で与えられるということである．

さて，次にこの結果からランダム力 $F_{\rm wh}(t)$ の相関関数を求めてみる．引き続き外力 $F_{\rm ext}(t)$ は 0 とする．式 (6.60) を $t < t_0$ の場合にも拡張すると，

$$\phi_v(t, t_0) = \langle v(t)v(t_0) \rangle = \frac{k_B T}{m} \exp\left(-\frac{|t - t_0|}{\tau}\right) \tag{6.61}$$

式 (6.54) より

$$\begin{aligned} \langle F_{\rm wh}(t) F_{\rm wh}(t_0) \rangle &= \langle [m\dot{v}(t) + m\gamma v(t)][m\dot{v}(t_0) + m\gamma v(t_0)] \rangle \\ &= mk_B T \left[\frac{\partial^2}{\partial t \partial t_0} + \gamma \left(\frac{\partial}{\partial t} + \frac{\partial}{\partial t_0}\right) + \gamma^2\right] \exp\left(-\frac{|t - t_0|}{\tau}\right) \\ &= 2m\gamma k_B T \delta(t - t_0) \end{aligned} \tag{6.62}$$

となる．さて，この式の意味を考えよう．もともと $F_{\rm wh}(t)$ は白色ノイズであると仮定していたことを反映して，相関関数は δ 関数となっている．すなわち $F_{\rm wh}(t)$ と $F_{\rm wh}(t_0)$ は $t \neq t_0$ の場合無関係である．この仮定は式 (6.56) に反映された．一方，式 (6.60) を求める際に等分配の法則を用いた結果，式 (6.62) は摩擦係数 γ に比例することになった．これはすなわち「等分配法則を成り立たせるためには，ランダム力の 2 乗と摩擦力は比例しなければならない」ということを意味している．もともと独立した外力として導入したランダム力と摩擦

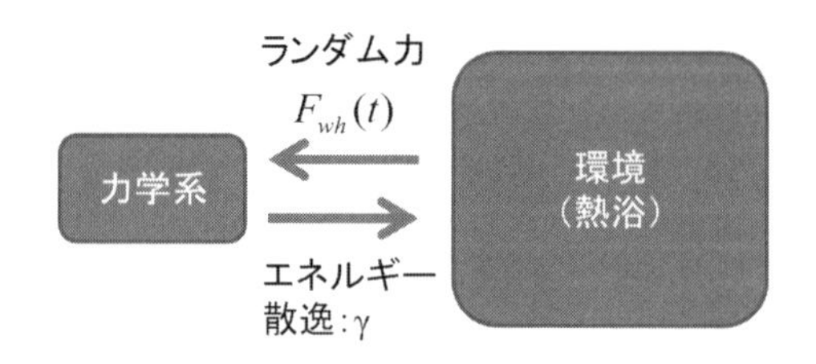

図 6.18　揺動散逸定理の概念図．力学系が環境と相互作用をしているが，この相互作用を通じて環境からランダム力を受け，同時に環境にエネルギーを散逸している．

力であるが，これらがなぜ関係する必要があるのであろうか．

簡単な例を考えてみよう．温度は一定とし，粒子と衝突する気体分子の数を増やしたとしよう．気体分子が与えるランダム力も，当然それにより増えるわけである．ではその結果，粒子の平均エネルギーが増えるかというと，そんなことはない．等分配則より平均エネルギーは $k_{\mathrm{B}}T/2$ 以外にはありえないわけである．ではどうなるかというと，粒子によって及ぼされる摩擦も増え，その結果最終的に落ち着く平均エネルギーが気体分子の数によらず一定になる．このように，気体分子が増えると，分子から粒子に与えられるランダム力によるエネルギーの流入が増えるが，逆に粒子から分子に戻される摩擦，すなわちエネルギー散逸も増えるということを意味しているのである．

このようなランダム力（揺動力）とエネルギー散逸の関係を，揺動散逸定理と呼ぶ．この関係をブラウン運動に対して初めて明らかにしたのは Einstein である．上で述べたように，熱平衡状態において熱浴から力学系に与えられるランダム力によるエネルギーと，摩擦によって力学系から熱浴に逃げていくエネルギー散逸は，力学自由度の平均エネルギーが $k_{\mathrm{B}}T/2$ になるように調整されているということを意味している．

6.4.3　調和振動子のブラウン運動

次に，前節の議論を機械共振器のような調和振動子に拡張しよう．力学系が自由粒子であろうと調和振動子であろうと，白色スペクトルである環境から受ける力は変化しないと仮定できる．すなわち，この場合のランジュバン方程式は，

$$m\ddot{q}(t) + m\omega_0^2 q(t) = -m\gamma\dot{q}(t) + F_{\mathrm{wh}}(t) + F_{\mathrm{ext}}(t) \tag{6.63}$$

で与えられ，ランダム力 $F_{\mathrm{wh}}(t)$ の相関関数は，やはり式 (6.62) を満たすと考えることができる．これより変位 $q(t)$ に対する相関関数 $\phi_q(t,t_0) \equiv \langle q(t)q(t_0)\rangle$ は容易に求まり，

$$\begin{aligned}\phi_q(t,t_0) &= \int_{-\infty}^{\infty} \frac{d\omega}{2\pi} \frac{2m\gamma k_{\mathrm{B}} T e^{i\omega(t-t_0)}}{m^2(\omega^2-\omega_0^2)^2 + m^2\omega^2\gamma^2} \\ &= 2m\gamma k_{\mathrm{B}} T \int_{-\infty}^{\infty} \frac{d\omega}{2\pi} |\chi_0(\omega)|^2 e^{i\omega(t-t_0)} \qquad (6.64)\end{aligned}$$

となる．$q(t)$ のパワースペクトル (6.51) は $T_0 \to \infty$ の極限でアンサンブル平均に一致すると考えられるから，

$$\begin{aligned}J_q(\omega) &\equiv \lim_{T_0\to\infty} \frac{1}{2T_0} \left\langle \int_{-T_0}^{T_0} q(t)e^{-i\omega t}dt \int_{-T_0}^{T_0} q(t_0)e^{i\omega t_0}dt_0 \right\rangle \\ &= \lim_{T_0\to\infty} \frac{1}{2T_0} \int_{-T_0}^{T_0}\int_{-T_0}^{T_0} \langle q(t)q(t_0)\rangle e^{-i\omega(t-t_0)} dt_0\, dt \\ &= 2m\gamma k_{\mathrm{B}} T |\chi_0(\omega)|^2 \qquad (6.65)\end{aligned}$$

すなわち，変位の揺らぎの周波数分布を求めると，それは複素感受率の絶対値の 2 乗に一致し，ローレンツ関数型となる．これはすなわち，先に数値計算で得られた結果（図 6.16）と一致している．

6.4.4 機械共振器の熱振動と検出限界

前項で述べた熱揺らぎは，機械共振器による力検出感度に関して原理的な限界を与える．すなわち先に 6.2.3 項で微小な梁が高感度な力検出器になりうることを示したが，実際には環境との結合からくる熱揺らぎによるランダム力が働き，それが検出限界を与える．この熱揺らぎと検出しようとする力の比が，測定の S/N 比を与える．図 6.19 に実際に我々が作製したカンチレバー構造と，その変位の周波数スペクトルをスペクトルアナライザを用いて電気的に測定した結果を示す．

図中，右上に見える電子顕微鏡写真は実験に用いたカンチレバーである．長さは 200 μm，幅は 60 μm で，半導体である GaAs を用いて作製された．写真で白く見える部分は導電性を有する部分であり，ホール素子の形状を有している．この導電性 GaAs は歪に対して抵抗値が変化する性質（ピエゾ抵抗）を持って

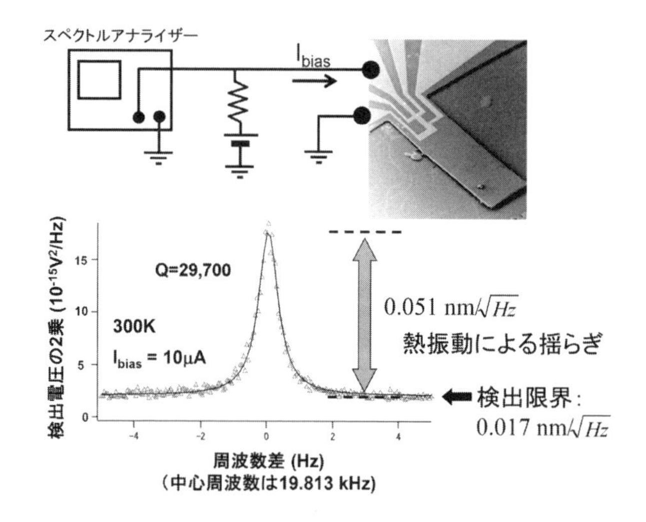

図 6.19　カンチレバーの電子顕微鏡写真と変位計測を行った測定系の模式図，ならびに測定された振動の周波数スペクトル

いる．このため，電源により一定のバイアス電流 I_{bias} を流した状態で素子の抵抗値を測定すると，変位による抵抗値の変化を電圧値として検出することができる．その電圧値の 2 乗の周波数成分をスペクトルアナライザにより測定した結果が下部のグラフである．このスペクトルは変位のパワースペクトル（式 (6.65)）に相当し，予想どおり明瞭なローレンツ型の出力が得られている．これは熱揺らぎによるランダム力を受けて引き起こされるカンチレバーの運動を積算した結果であり，正確な周期振動を示しているわけではない．そのため周波数スペクトルが有限の幅を持つことになるが，この幅はカンチレバーにおける摩擦係数に比例している．また，理想的には共振周波数からずれた部分では振幅は限りなく 0 に近づくわけだが，実際には測定回路が持つノイズにより，ある一定レベルの信号出力が検出される．熱振動によるカンチレバーの揺らぎは式 (6.65) より計算できるため，このグラフの縦軸がどのような変位揺らぎに相当するかが求まり，このカンチレバーではピークの高さが $0.051\,\mathrm{nm}/\sqrt{\mathrm{Hz}}$ に相当する．これより，この抵抗検出手法（ピエゾ抵抗計測と呼ばれる）による変位の検出限界は，測定回路が持つノイズの大きさより $0.017\,\mathrm{nm}/\sqrt{\mathrm{Hz}}$ と求められる．このように，熱振動による揺らぎは，しばしば変位検出における変位

感度の校正に用いられる．

さて，カンチレバーを用いて微小な力を検出する際，この熱振動による揺らぎが検出限界を与える．例えば周期的な力を与え，それによるカンチレバーの変位を検出することにより力を検出することを考える．もしこの周波数が共振周波数近辺であれば，小さな力を共振現象により増幅して，高感度に力を検出できることになる．しかしながら，この力が熱揺らぎよりも小さな信号であれば，たとえ共振により信号を増幅したところで熱揺らぎ自身も増幅されるため，検出は不可能である．このことより，力検出の理論的限界は，熱揺らぎの大きさ，すなわち，熱揺らぎが与えるランダム力のスペクトル密度

$$
\begin{aligned}
J_F(\omega) &\equiv \lim_{T_0\to\infty} \frac{1}{2T_0} \left\langle \int_{-T_0}^{T_0} F_{\mathrm{wh}}(t) e^{-i\omega t} dt \int_{-T_0}^{T_0} F_{\mathrm{wh}}(t_0) e^{i\omega t_0} dt_0 \right\rangle \\
&= \lim_{T_0\to\infty} \frac{1}{2T_0} \int_{-T_0}^{T_0} \int_{-T_0}^{T_0} \langle F_{\mathrm{wh}}(t) F_{\mathrm{wh}}(t_0) \rangle e^{-i\omega(t-t_0)} dt\, dt_0 \\
&= 2m\gamma k_{\mathrm{B}} T
\end{aligned}
\tag{6.66}
$$

で与えられることになる．

6.4.5　振動制御とレーザー冷却

このように，有限温度の環境では熱による揺らぎが存在し，微小な物理量の検出限界を与える．変位ならびに力に関して，その揺らぎのスペクトル密度は式 (6.65) ならびに (6.66) で与えられ，前者はローレンツ型のスペクトル，後者は周波数に依存しない白色スペクトルの形状を有する．このことは，力学系に与えられるランダム力として異なる時間における相関が存在しない δ 関数型の相関関数を仮定したためである．では，この熱揺らぎによる検出限界を技術的に克服する方法はないのであろうか．もちろん環境を冷却し，熱揺らぎを十分に減らすことができればそれに越したことはないが，実際には様々な制約により困難な場合が多い．この点は 6.7.2 項において紹介する量子極限計測において特に重要であり，共振器の量子力学的な振る舞いを調べる上で熱揺らぎによる影響をいかに下げるかは，この分野の研究者の最大の課題の一つである．実際，量子極限測定を実現するには，数十 mK の温度が得られる市販の希釈冷凍機を用いても容易ではない．この項では，このような熱振動の影響を減少させ

る試みの一つとして，レーザー冷却の手法について紹介する．

最初にこのような微小機械共振器に対するレーザー冷却の手法を提案したのはドイツのルートヴィヒ・マクシミリアン大学（ミュンヘン大学）のKarraiらのグループである[105]．その実験系の模式図を図6.20(a)に示す．He–Neレーザーから発せられた光はファイバーを通して真空チャンバー中のSiカンチレバーに照射される．このカンチレバーと対面するファイバーの表面には薄く金がコートしてあり，光を反射する．この対面ミラー構造はいわゆるファブリ・ペロー干渉計（キャビティー）を構成し，その長さl_{cav}が半波長の整数倍において光をキャビティー内に蓄積するため反射率が下がるが，それ以外の波長では反射率が増加する（図6.20(b)）．すなわち，この変化の大きな位置（例えば図中AあるいはB）にキャビティー長を調整しておくと，カンチレバーの変位に対し反射率が敏感に変化する．反射した光は再びファイバーを通して戻り光検出器に入る．この反射光強度の変化を調べることにより，カンチレバーの振動を検出できる．

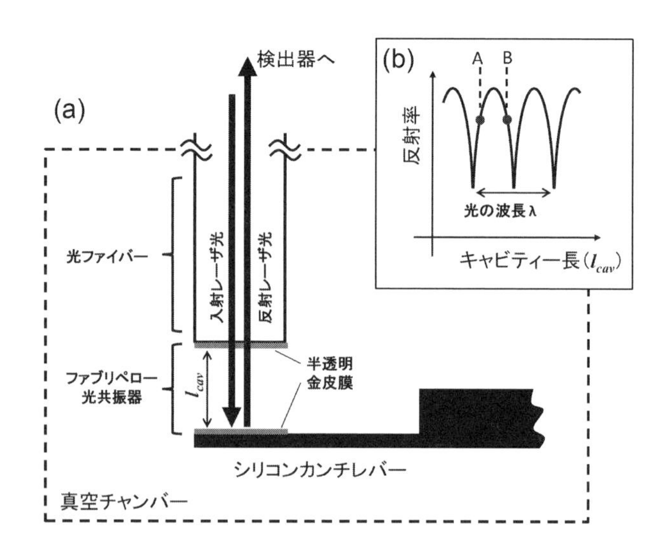

図6.20 (a) Karraiらが行った実験の模式図．空気によるQ値の減少を避けるため，カンチレバーと光ファイバーの先端部分は真空チャンバー内に設置されて実験は行われた．(b) 干渉計反射率のキャビティー長依存性．キャビティー長をAの位置に合わせると，カンチレバーが下に変位するとキャビティー長は増え，反射率は増加する．逆にBの位置に合わせると，反射率は減少する．

さて，このレーザー光はカンチレバーの振動に対してどのような影響を与えるであろうか．レーザー光がキャビティーに共鳴し，反射率が小さい場合，レーザー光はキャビティー内により長い時間滞在するため，カンチレバーに吸収されることになる．これにより，カンチレバーの表面は加熱され，熱膨張によりカンチレバーは曲げモーメントを受ける．すなわち，カンチレバーは反射率に依存する外力を受けることになる．一方，この反射率は上に説明したように，変位に依存することになる．すなわち，カンチレバーが変位すると，それが再び反作用としてカンチレバーに加わる外力として作用することになる．一般にこのような反作用が引き起こされる過程では時間の遅れ（τ）が生じる．

遅れのある反作用がある系では，大変興味深い物理現象がみられる．マイクをスピーカーの前に近づけていくと，大きなハウリング音が聞こえることをみなさんご存知であろう．これは，マイクの振動がアンプで増幅されたのちスピーカーを振動させ，それがさらに空気を経由してマイクを振動させるためである．マイクの振動板をここでのカンチレバーに置き換えて考えると，このカンチレバーと干渉計を組み合わせた系にも全く同様の現象がみられることが予想される．すなわち，フィードバックによる帰還率が1を超えると，カンチレバーは自励振動を行う．逆に，負帰還を与えることによりカンチレバーの振動を減衰させることも可能となる．これを用いるとカンチレバーの熱振動を減衰させることができる．詳細はKarraiらの文献を参照することとし，ここではその結果のみを示すことにする．

図6.21はカンチレバーの熱振動を，異なる干渉計の長さに対して調べた結果である．Bはレーザー強度が小さく，効果が無視できる場合である．前項で述べたように，ローレンツ型の振動スペクトルを示す．一方，レーザー強度を上げ，キャビティーの長さを反作用がカンチレバーの運動を「煽る」ように調整した場合がAである．振動は増強され，ピーク強度は3桁近く増加している．レーザー強度をさらに上げると，自励振動が起きることも観察されている．一方，キャビティーの長さをカンチレバーの運動を「抑える」ように調整した結果がCである．この場合，熱振動は明らかに低下している．この振動スペクトルの面積（積分値）を計算すると有効温度が求まるが，その結果カンチレバーの熱振動は温度に換算して18 Kまで低下していることが示された．その後，類

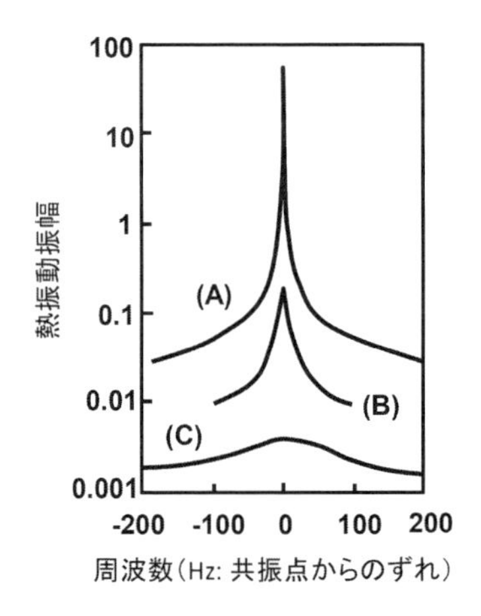

図 **6.21**　Karrai らが行った実験によって得られた熱振動スペクトル[105)]

似した研究は様々な研究機関において行われ，現在では機械共振器が調和振動子として持つ量子力学的なゼロ点振動揺らぎまで熱振動を抑えることに成功している[106~108)].

6.5　パラメトリック機械共振器

前節までに，調和振動子としての機械共振器の基本的な性質について述べた．そこでは，励振や熱揺らぎなどの外部自由度が常に外力として作用する場合を考えてきた．機械共振器の線形性が保たれる範囲において，このような外場に対して重ね合わせの原理が成り立つ．すなわち，二つの異なる外場が作用した結果は，それぞれの外場が別々に作用した結果の重ね合わせで記述される．ここではそれとは異なる外場の作用としてパラメトリックな外場との相互作用を導入する．この作用に対しては，重ね合わせの原理は成り立たない．これは，運動方程式が外場と力学変数の積の項を含むためである．したがって，この系は非線形性を持っていると言える．本章では，このような非線形的な相互作用の一例としてパラメトリック共振器を扱い，線形方程式の場合と異なる興味深い点について紹介する．

6.5.1　再び歪の効果について

さて，両持ち梁を考え，梁の両側を一定の張力 T で引っ張り，梁を $\delta l = Tl/Ewd$ だけ伸ばした場合を考えよう（図 6.22）．この系を記述するためには，もともとの梁の運動による長さの増加に加え，この外場による増加の寄与を加える必要がある．系のハミルトニアンは式 (6.42) から少し変形され

$$
\begin{aligned}
H[\Pi,\delta] &= \int_0^l \left[\frac{\Pi^2}{2\rho A} + \frac{EI_y}{2}\left(\frac{\partial^2\delta}{\partial x^2}\right)^2\right]dx + \frac{Ewd}{2l}\left(\Delta l + \frac{Tl}{Ewd}\right)^2 \\
&\sim \int_0^l \left[\frac{\Pi^2}{2\rho A} + \frac{EI_y}{2}\left(\frac{\partial^2\delta}{\partial x^2}\right)^2\right]dx + \frac{Ewd}{8l}\left[\int_0^l \left(\frac{\partial\delta}{\partial x}\right)^2 dx\right]^2 \\
&\quad + \frac{T}{2}\int_0^l \left(\frac{\partial\delta}{\partial x}\right)^2 dx + \frac{T^2 l}{2Ewd}
\end{aligned}
\tag{6.67}
$$

で与えられる．ここで右辺第 4 項は梁の変位 δ に依存しないため無視し，式 (6.43) で与えられる d_{ij} を用いて各モードに分解すると，

$$
H[p,q] = \sum_{i=1}^{\infty}\left(\frac{p_i^2}{2m} + \frac{m\omega_i^2 q_i^2}{2}\right) + \frac{EV}{8}\left(\sum_{i,j=1}^{\infty} d_{ij}q_i q_j\right)^2 + \frac{Tl}{2}\sum_{i,j=1}^{\infty} d_{ij}q_i q_j
\tag{6.68}
$$

式 (6.43)〜(6.45) と同様に一つのモードだけを含む項を取り出すと，ハミルトニアンならびに外力 $F(t)$ と摩擦係数 γ のもとでの運動方程式は

$$
H_0[p,q] = \frac{p^2}{2m} + \frac{m\omega_0^2(1+\lambda T)q^2}{2} + \frac{c}{4}q^4, \quad \lambda = \frac{\int_0^l u'^2 dx}{m\omega_0^2}
\tag{6.69}
$$

$$
\ddot{q} + \gamma\dot{q} + \omega_0^2(1+\lambda T + \alpha q^2)q = \frac{F(t)}{m}
\tag{6.70}
$$

で与えられる．すなわち，両持ち梁に張力を加えると，その共振周波数は応力に比例して変化する．このことは，例えばギターやバイオリンなどの楽器を想

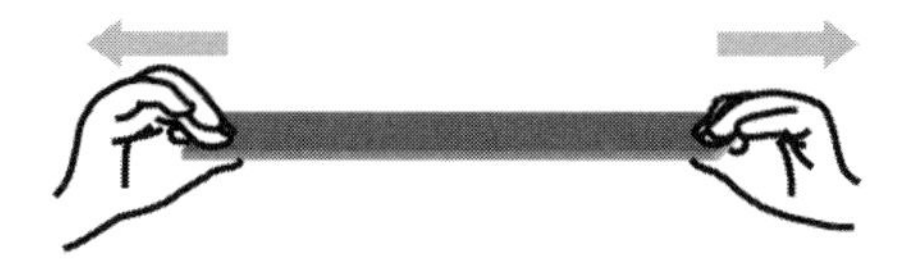

図 6.22　梁に加える張力の模式図．この張力は梁のバネ定数を増やし，共振周波数は増加する．

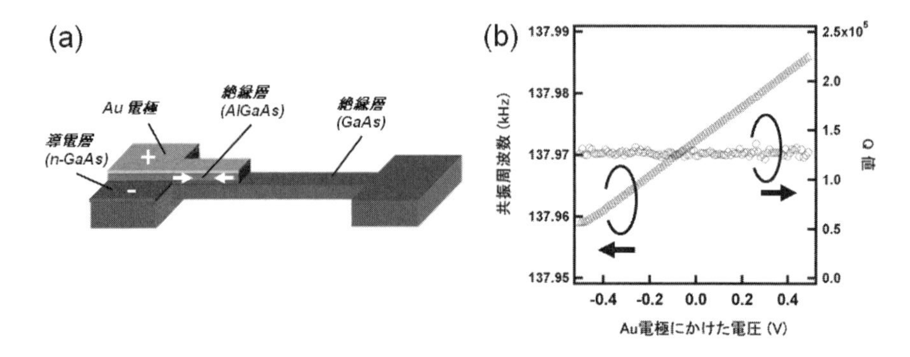

図 **6.23**　(a) AlGaAs/GaAs 構造を用いたパラメトリック共振器の構造．上部の Au 電極と導電層（n-GaAs）層間に電圧を印加すると，絶縁層（AlGaAs）に梁の長さ方向の歪が加わる．(b) 上部の Au 電極に電圧を加えたときの，共振周波数と Q 値の変化．加えた電圧に線形に周波数は変化する[87, 109]．

像すると容易に理解できるであろう．弦に張力を加えると，音程すなわち共振周波数が上昇する．このように外部から共振周波数を変化させることのできる共振器をパラメトリック共振器と呼ぶ．我々の研究室で作製したパラメトリック共振器の模式図を図 6.23 に示す[87, 109]．この構造では電極に電圧を加えると，梁を構成している化合物半導体の圧電効果により，梁の長さ方向に応力が加わる．これによる共振周波数と Q 値の変化も図に示してある．印加された電圧により，共振周波数が変化している．パラメトリック機械共振器には，このような応力を用いるもの以外にも様々な原理のものが用いられている．

6.5.2　パラメトリック励振

さて，このパラメトリック共振器において，共振周波数が周期的に変化する場合，すなわち $T(t) \sim \cos\omega_p t$ で与えられる張力が加わった場合を考えよう．上記の AlGaAs/GaAs 構造の場合には，Au 電極と n-GaAs 導電層間に振動数 ω_p の交流電圧を加えた場合に相当する．運動方程式は，

$$\ddot{q} + \gamma\dot{q} + \omega_0^2(1 + 2\Lambda\cos\omega_p t + \alpha q^2)q = \frac{F(t)}{m} \tag{6.71}$$

で与えられる．まず外力が全く働かない場合（$F(t) = 0$）を考える．この方程式の自明の解は，$q(t) = 0$，すなわち梁は一切運動しないというものである．しかし，実は共振周波数変調の振幅がある一定以上だと，これは不安定な解とな

る．これを直感的に理解してみよう．

このような周期的な共振周波数の変調は梁に周期的な張力を加えることに相当する．この様子を図 6.24 に示す．梁を引っ張ったり押したりを繰り返す．押し引きを繰り返す周期がちょうど梁の振動と同期すると，梁の振動が引き起こされることが想像できるだろうか．すなわち $q(t) = 0$ は，もはや安定解ではない．ここで 1 度目に押し引きを行った際に梁が下方向に変位するとすれば，次に押し引きを行った際には上方向に変位する．すなわち 2 周期の張力の変調に対して 1 周期の振動が引き起こされるわけであるから，これが梁の共振と同期するためには，励振する周波数は共振周波数の 2 倍でなければいけない．すなわち $\omega_p \sim 2\omega_0$ が共振する条件となる．この条件のもとで方程式の振動解を求め，この直感的な推測を裏付けてみよう．式 (6.36), (6.37) と同様に複素数表示を用い

$$q(t) = \frac{\hat{c}(t)\exp(i\omega_p t/2) + \hat{c}(t)^* \exp(-i\omega_p t/2)}{2} \tag{6.72}$$

とおく．ここで $\hat{c}(t)$ は時間に対してゆっくりと変化する関数である．定常解ではないのだけれど，定常解の振幅と位相が，振動周期に比較してゆっくりと変わっていく場合を考えるわけである．このような近似を回転座標近似と呼ぶ．こ

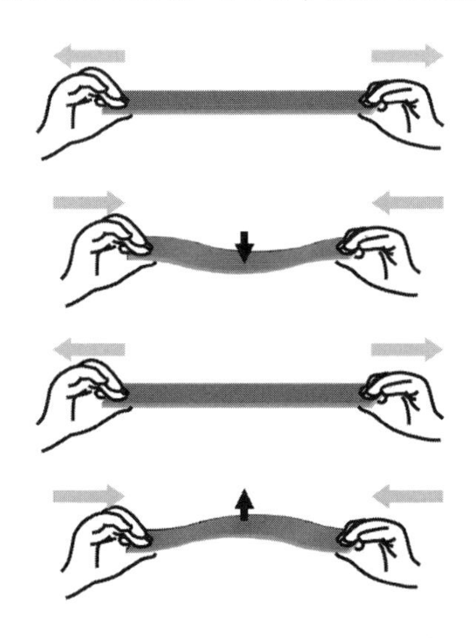

図 **6.24** 周期的な張力を梁にかけたときの梁の運動を示す模式図

の表式を代入し，運動方程式において $\exp(i\omega_p t/2)$ に比例する項を取り出すと，

$$-\frac{\omega_p^2}{4}\hat{c} + i\omega_p\dot{\hat{c}} + \gamma\dot{\hat{c}} + i\gamma\frac{\omega_p}{2}\hat{c} + \omega_0^2\hat{c} + \omega_0^2\Lambda\hat{c}^* + \omega_0^2\frac{3\alpha}{4}\hat{c}^2\hat{c}^* = 0 \quad (6.73)$$

が得られる．ここで，$\hat{c}(t)$ は時間に対してゆっくりと変化するので，その 2 階微分は無視した．簡単のために $\omega_p = 2\omega_0$ とし，振動振幅が十分小さく非線形項が無視できる場合を考えよう．また，Q 値が十分高く，$\omega_0 \gg \gamma$ と仮定する．そうすると，

$$\dot{\hat{c}} = -\frac{\gamma}{2}\hat{c} + i\frac{\omega_0\Lambda}{2}\hat{c}^* \quad (6.74)$$

が得られる．ここで二つの実変数

$$c_{\mathrm{S}} = \frac{1-i}{2\sqrt{2}}\hat{c} + \frac{1+i}{2\sqrt{2}}\hat{c}^* = \frac{1}{\sqrt{2}}(\mathrm{Re}[\hat{c}] + \mathrm{Im}[\hat{c}]),$$
$$c_{\mathrm{A}} = \frac{1+i}{2\sqrt{2}}\hat{c} + \frac{1-i}{2\sqrt{2}}\hat{c}^* = \frac{1}{\sqrt{2}}(\mathrm{Re}[\hat{c}] - \mathrm{Im}[\hat{c}]) \quad (6.75)$$

を導入する．式 (6.72) から明らかなように，$\mathrm{Re}[\hat{c}]$, $\mathrm{Im}[\hat{c}]$ はそれぞれ $\cos(\omega_p t/2)$ および $-\sin(\omega_p t/2)$ の位相成分に相当するので，c_{S} および c_{A} は $\cos(\omega_p t/2 + \pi/4)$ ならびに $\cos(\omega_p t/2 - \pi/4)$ の位相成分に相当する．これらに対する運動方程式は，

$$\dot{c}_{\mathrm{S}} = -\left(\frac{\gamma}{2} - \frac{\omega_0\Lambda}{2}\right)c_{\mathrm{S}}, \quad \dot{c}_{\mathrm{A}} = -\left(\frac{\gamma}{2} + \frac{\omega_0\Lambda}{2}\right)c_{\mathrm{A}} \quad (6.76)$$

で与えられ，その解は，

$$c_{\mathrm{S}} = c_{\mathrm{S0}}\exp\left[-\left(\frac{\gamma}{2} - \frac{\omega_0\Lambda}{2}\right)t\right], \quad c_{\mathrm{A}} = c_{\mathrm{A0}}\exp\left[-\left(\frac{\gamma}{2} + \frac{\omega_0\Lambda}{2}\right)t\right] \quad (6.77)$$

となる．この式の意味を考えよう．

まず c_{A} は時間とともに指数関数的に減衰する振幅を表す．その減衰率は，もともとの減衰率 $\gamma/2$ に加え，パラメトリック励振の寄与 $\omega_0\Lambda/2$ が加わる．すなわち，パラメトリック励振は，この位相成分に対して振幅を減衰させる方向に働く．一方 c_{S} は，$\omega_0\Lambda < \gamma$ の場合には振動が減衰していくが，その減衰率は $\gamma/2$ より寄与 $\omega_0\Lambda/2$ の分だけ下がる．すなわちパラメトリック励振により減衰が抑制されることになる．さらに，$\omega_0\Lambda > \gamma$ の場合には時間 t の係数が正となるた

め，振動振幅は時間とともに指数関数的に増大することになる．先に述べた自明解 $q(t)=0$ の解の不安定性はこの状況に対応する．すなわち，$c_{\mathrm{S}}=c_{\mathrm{A}}=0$ も確かに初期条件を $c_{\mathrm{S}0}=c_{\mathrm{A}0}=0$ とした解であるが，ちょっとした外部からの摂動により c_{S} が有限の値を持ってしまうと，その振幅は増大し続けることになる．c_{S} と c_{A} は，もともと 90° だけ異なる位相を持つ振動に対応しているので，パラメトリック励振では，ある位相成分は振動を増強する方向に働くが，それと垂直方向の成分は振動が減衰される方向に働くことを意味している．この二つの位相成分の振る舞いは，図 6.24 からも直感的に理解できる．位相が 90° ずれた振動というのは，加えている応力については 180° 位相がずれた状況に対応する．この場合，押し引きの位相がちょうど振動を抑える方向に働くため，振動は減衰するわけである．パラメトリック励振は $\Lambda=\Lambda_{\mathrm{th}}\equiv\gamma/\omega_0=Q^{-1}$ に閾値を持ち，これより大きな励振強度に対して振動が引き起こされる．このことは，励振によるエネルギーの注入レートがエネルギー散逸より大きくなると振動が引き起こされることを意味している．

パラメトリック励振と，運動方程式 (6.35) で記述される通常の励振（以下では調和励振と呼ぶ）には明確な相違点がある．まず，パラメトリック励振では系に摩擦があっても振動振幅が無限大まで増加するという点である．調和励振の場合には駆動力が振幅によらず一定なため，ある振幅において加えられる駆動力と摩擦力がつり合い，振幅が一定となって落ち着く．一方，パラメトリック励振では駆動力が振動振幅に比例する．すなわち $F(t)=0, \alpha=0$ の場合に式 (6.70) を変形すると，

$$\ddot{q}+\gamma\dot{q}+\omega_0^2 q=-2\Lambda\omega_0^2 q\cos\omega_p t \tag{6.78}$$

となる．右辺を駆動力とみなすと，これは振幅 q の増加とともに増加する．したがって，振幅が大きくなっても駆動力が摩擦力とつり合うことがなく振幅は増え続ける．では本当に永遠に振幅が大きくなるかというと，もちろんそんなことはない．実際には，上で $\alpha=0$ として無視した非線形項の影響により，振幅が大きくなると共振条件からずれ，それにより振幅はある値に落ち着くことになる．

もう一つの重要な相違は，同じ周期的な励振力に対して安定解が二つ存在す

るということである．式 (6.76) から式 (6.77) を求める際，c_S の初期値 $c_{\mathrm{S}0}$ については，実数でありさえすれば正と負のどちらの値でもよかった．このことは，振動解として 180° 位相が異なる二つの解が独立に存在することを意味している．このことは直感的にも図 6.24 から理解できる．同じように周期的な応力をかけている状態でも，最初に上方向に運動する振動と，最初に下方向に運動する振動の両方が許される．これは力学系が励振周期 $2\pi/\omega_p \sim \pi/\omega_0$ の時間推進に対して普遍であるという対称性を反映している．すなわち振動解の周期は $2\pi/\omega_0$ であるため，その半分の π/ω_0 の時間推進に対して解の位相は 180° 変化する．このように時間推進に対する対称性によって生じる双安定解が存在することもパラメトリック振動の大きな特徴である．このパラメトリック振動の双安定性については，6.6.4 項において再び触れることにする．

6.5.3　パラメトリック増幅とノイズスクイージング

さて，6.5.2 項ではパラメトリック励振の強さが閾値 $\Lambda_\mathrm{th} = Q^{-1}$ より大きい場合について述べた．次に，励振の強さが閾値より小さな場合に何が起きるかについて考えてみよう．式 (6.77) で見たように，閾値より小さい場合には c_S も減衰していくが，その減衰率は本来の値 γ より小さい．逆に，c_A の位相成分は γ より早く減衰していく．これはすなわち，パラメトリック励振が，c_S 成分に対しては摩擦を減らし，c_A 成分に対しては摩擦を増やすことに相当する作用を持つことを意味している．それでは，調和励振，すなわち共振周波数の励振を加えて梁が振動している状態で，パラメトリック励振を加えるとどうなるのであろうか．もし調和励振の位相成分が c_S であれば調和励振の振幅は増幅されるであろう．逆に，位相成分が c_A であれば，調和励振の振幅は減衰されることになる．このような作用をパラメトリック増幅と呼ぶ．

この現象をより定量的に考察しよう．出発する方程式は，式 (6.71) において調和励振が加わった場合である．すなわち，

$$\ddot{q} + \gamma\dot{q} + \omega_0^2(1 + 2\Lambda\cos 2\omega_0 t)q = g_0\cos(\omega_0 t + \delta) \qquad (6.79)$$

である．ただし，パラメトリック励振の振幅は閾値より低く，$\Lambda < \gamma/\omega_0 = Q^{-1}$ が成立しているとする．式 (6.74) に対応して，

$$\dot{\hat{c}} = -\frac{\gamma}{2}\hat{c} + i\omega_0\frac{\Lambda}{2}\hat{c}^* - i\frac{g_0}{2\omega_0}e^{i\delta} \tag{6.80}$$

これより c_{S} と c_{A} に対して

$$\begin{aligned}\dot{c}_{\mathrm{S}} &= -\left(\frac{\gamma}{2} - \frac{\omega_0\Lambda}{2}\right)c_{\mathrm{S}} + \frac{g_0}{2\omega_0}\sin\left(\delta - \frac{\pi}{4}\right),\\ \dot{c}_{\mathrm{A}} &= -\left(\frac{\gamma}{2} + \frac{\omega_0\Lambda}{2}\right)c_{\mathrm{A}} + \frac{g_0}{2\omega_0}\cos\left(\delta - \frac{\pi}{4}\right)\end{aligned} \tag{6.81}$$

したがって，$\Lambda < \gamma/\omega_0 = Q^{-1}$ の場合の定常解は，$\delta' = \delta - \pi/4$ とおいて，

$$c_{\mathrm{S}} = \frac{g_0\sin\delta'}{\omega_0(\gamma - \omega_0\Lambda)}, \quad c_{\mathrm{A}} = \frac{g_0\cos\delta'}{\omega_0(\gamma + \omega_0\Lambda)} \tag{6.82}$$

で与えられる．パラメトリック増幅のゲイン G は $\Lambda = 0$ の場合との振幅比で与えられ，

$$G = \frac{\sqrt{c_{\mathrm{S}}^2 + c_{\mathrm{A}}^2}|_{\Lambda}}{\sqrt{c_{\mathrm{S}}^2 + c_{\mathrm{A}}^2}|_{\Lambda=0}} = \sqrt{\frac{\sin^2\delta'}{(1-\Lambda/\Lambda_{\mathrm{th}})^2} + \frac{\cos^2\delta'}{(1+\Lambda/\Lambda_{\mathrm{th}})^2}} \tag{6.83}$$

となる．このように，パラメトリック励振と調和励振の位相差 δ' に応じて，振動の増幅あるいは減衰が起きる．式 (6.83) から明らかなように，減衰については $\delta' = n\pi$ のときに最も効率が高く，$\Lambda = \Lambda_{\mathrm{th}}$ のときに最大で 1/2 の減衰率となる．一方，増幅は $\delta' = (n+1/2)\pi$ のときに最も効率が高く，その増幅率は $\Lambda \to \Lambda_{\mathrm{th}}$ のときに無限大まで増加する．パラメトリック励振はこのゲインが無限大にまで増加した現象と考えることもできる．入力，すなわち調和励振による振動が存在しなくても，自励的に振動が引き起こされる．このパラメトリック増幅の概念図を図 6.25 に示す．調和励振により引き起こされた入力振動が，パラメトリック励振による振動数の周波数変調により増幅（減衰）され，G 倍

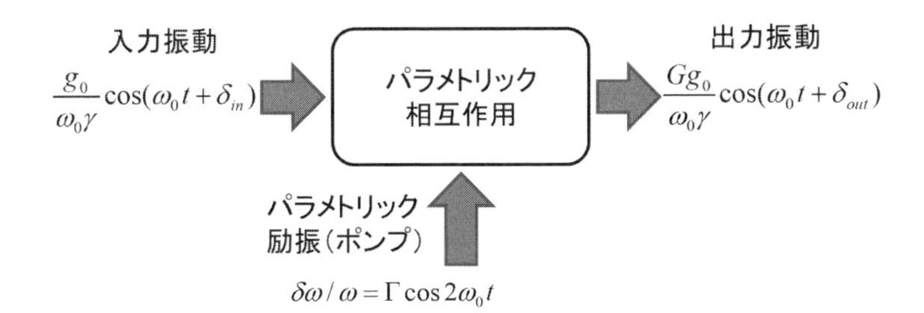

図 6.25 パラメトリック増幅の概念図

された振動として出力される．非線形光学からの類推でパラメトリック励振はしばしば「ポンプ」と呼ばれる．ゲイン G と出力振動の位相 δ_{out} は，式 (6.82) と (6.83) に従い，ポンプ強度 Λ と入力振動の位相 δ_{in} によって決定される．

さて，このパラメトリック増幅を前節で説明した熱振動に適応すると，大変興味深いことが起きる．上で述べたように，閾値以下のパラメトリック励振では位相関係によって増幅と減衰が生じる．この状況は，入力が熱振動によって引き起こされる場合に対しても当然成り立つ．すなわち，熱振動のうちで位相 $\delta' = (n+1/2)\pi$ に相当する成分は増幅されるが，$\delta' = n\pi$ に相当する成分は減衰される．この原理により熱揺らぎを低減させる手法がノイズスクイージングである．この試みを初めて微小な機械共振器に対して行ったのは IBM の D. Rugar と P. Grütter らである[110]．彼らが実験を行ったパラメトリック共振器の構造を図 6.26 に示す．図中 PZT と書かれた素子は圧電結晶であり，カンチレバーを上下方向に調和励振することに用いられる．一方，共振周波数の変調は，先に述べた応力による周波数変調ではなく，カンチレバー下部に設置した電極に電圧をかけることにより行う．カンチレバーと電極の間に働くクーロン力は，加えた電圧 V と距離 d の関数として，

$$F = \frac{\epsilon S V^2}{2d^2} \tag{6.84}$$

で与えられる．ここで S は電極の面積である．これよりクーロン力が与えるバネ定数は，

$$k_{\mathrm{c}} = -\frac{\partial F_{\mathrm{c}}}{\partial d} = \frac{\epsilon S V^2}{d^3} \tag{6.85}$$

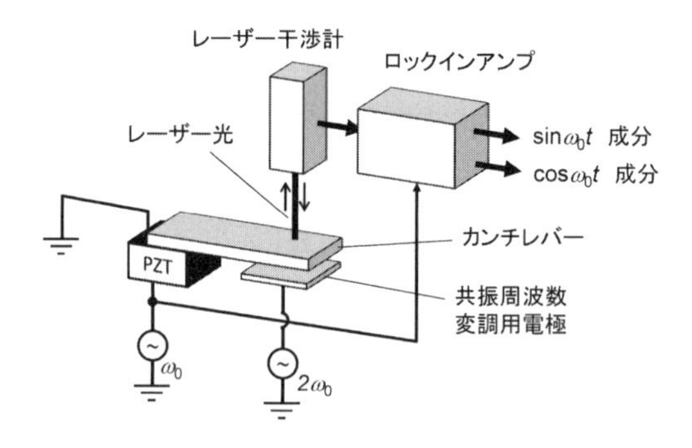

図 6.26　パラメトリック増幅の実験系[110]

で与えられ，加える電圧によって変調できることがわかる．D. Rugar らはパラメトリック励振を行ったときのカンチレバーの熱振動をレーザー干渉計で検出し，その二つの位相成分の振幅をロックインアンプで測定した．その結果，実際に c_{A} 成分に対する熱ノイズが 1/2 に圧縮できることを示した．この結果は量子揺らぎのスクイージングと関連し，その後の研究に大きな影響を与えた．

問題 6.3：　$q(t)$ を実際に $c_{\mathrm{S}}(t)$ および $c_{\mathrm{A}}(t)$ を用いて表し，実際にこれらが直交する位相成分であることを確かめよ．

式 (6.75) より

$$\hat{c} = \frac{1+i}{\sqrt{2}}c_{\mathrm{S}} - \frac{1-i}{\sqrt{2}}c_{\mathrm{A}}, \quad \hat{c}* = \frac{1-i}{\sqrt{2}}c_{\mathrm{S}} - \frac{1+i}{\sqrt{2}}c_{\mathrm{A}}$$

これを式 (6.72) に代入すると

$$\begin{aligned} q(t) &= \frac{1+i}{2\sqrt{2}}c_{\mathrm{S}}\exp\left(i\frac{\omega_p}{2}t\right) - \frac{1-i}{2\sqrt{2}}c_{\mathrm{A}}\exp\left(i\frac{\omega_p}{2}t\right) + (\text{charge conjugation}) \\ &= \frac{1}{\sqrt{2}}\left[c_{\mathrm{S}}\left(\cos\frac{\omega_p}{2}t - \sin\frac{\omega_p}{2}t\right) + c_{\mathrm{A}}\left(\cos\frac{\omega_p}{2}t + \sin\frac{\omega_p}{2}t\right)\right] \\ &= c_{\mathrm{S}}\cos\left(\frac{\omega_p}{2}t + \frac{\pi}{4}\right) + c_{\mathrm{A}}\cos\left(\frac{\omega_p}{2}t - \frac{\pi}{4}\right) \end{aligned}$$

となり，実際に位相が $\pi/2$ だけ異なる直交した振動成分となる．

6.6　マイクロ・ナノメカニクス構造の応用

これまでの節では微小機械共振器の基本的な振る舞いについて，理論的な立場から解説を行ってきた．この節では，実際にどのようにこの構造を作製し，またそれがどういった技術に応用されるかについて紹介しよう．

6.6.1　微小機械共振器の作製方法

すでに第 1 章において半導体の微細構造を作製するリソグラフィー法について述べられているが，ここでは微小機械共振器の作製に，このリソグラフィー法をどのように適用するかについて簡単に説明する．共振器構造を作製するには，構造を半導体の基板から分離する必要があり，通常の 2 次元的な加工プロセスだけではなく，3次元的な加工プロセスが必要である．最もよく使われるのは，選択エッチングと呼ばれる手法である．図6.27に，代表的な構造であるピエゾ抵抗カンチレバーを作製する工程を示す．次項で示すように，ピエゾ抵抗カンチレバーとは，カンチレバーを構成する材料の電気抵抗が歪により変化する性質を用いて，カンチレバーの振動を検出する構造である．

まず，もとになる基板を準備する（図6.27(1)）．ここでは文献[87,109]に我々が用いたGaAs/AlGaAsヘテロ構造を考える．次に，フォトリソグラフィーあるいは電子ビームリソグラフィーにより電極を形成する（図6.27(2)）．再度レジストを塗布し，作製したいカンチレバー構造のパタンに露光する（図6.27(3)）．エッチングによりこのパタンのメサ構造を作製し（図6.27(4)），その後，犠牲層のみを選択的にエッチングできるエッチング溶液により，カンチレバー下部の犠牲層をエッチングする（図6.27(5)）．これによりカンチレバー部分は基板から分離され，自由に振動することができるようになる．上記のAlGaAs/GaAs構造の場合，Al組成が60〜70%のAlGaAsを犠牲層として用いる．この際，選択エッチング溶液はフッ化水素酸水溶液である．この犠牲層エッチングの時間は重要である．なぜなら，同様のエッチングはカンチレバー部分だけではなく，

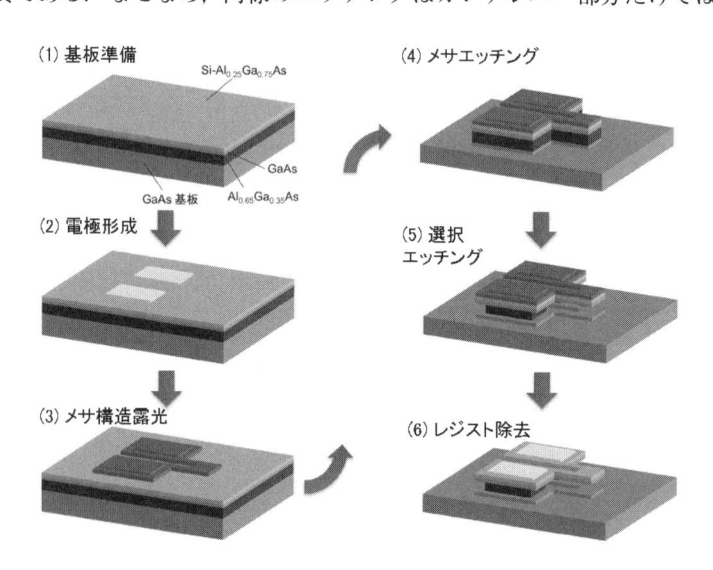

図 6.27　ピエゾ抵抗カンチレバーの作製プロセスの模式図

メサ構造のあらゆる側面で生じるため，時間が長すぎると望まない部分の構造が破壊される恐れがある．また短すぎると今度はカンチレバーが基板から完全に分離しない．（困ったことに，実際に分離しているかどうかは上面からの顕微鏡観察では見分けにくい．）ちょうどカンチレバーだけが分離する程度の時間で行うことが必要である．

選択エッチングの後は，この構造を乾燥させるわけであるが，カンチレバーの長さに比べて厚さが圧倒的に薄いと，カンチレバー構造は乾燥時の溶液の表面張力で基板に張り付いてしまう．これを避ける方法として，tert–ブチルアルコールによるフリーズドライ法や超臨界乾燥などが用いられる．また，シリコン系の構造においては，フッ化水素を用いたドライエッチングによる選択エッチングも用いられている．

6.6.2　微小機械共振器の励振ならびに検出手法

次に作製した共振器に対し，その振動をどのように引き起こし，検出するのかという励振ならびに振動検出手法についてまとめておく．

a.　光学的励振・検出法

最も簡便で汎用性のある励振・検出手法である．まず励振手法であるが，共振周波数で強度変調を行ったレーザー光を機械共振器に照射する．レーザー照射により共振器の表面側は熱膨張し，それにより励振力となる曲げモーメントが発生する．一方，検出については，干渉計や光てこを用いる．前者は最も感度の高い検出法の一つであり，ドップラー効果などの光干渉を用いて高感度に変位を検出する．市販の干渉計においても $10^{-13}\,\mathrm{m}/\sqrt{\mathrm{Hz}}$ 程度の感度が容易に得られる．後者は AFM などに用いられ，カンチレバーの形状にもよるが，やはり同レベルの感度が得られる．

b.　静電的励振・検出法

一方，電気的な励振・検出手法で最も簡単なものは静電的な手法である．共振器上の電極と，それと離れた位置にある対向電極の間に電圧を印加し，共振器を駆動する．また，これらの対向電極間の静電容量が電極間の距離に依存することを用い，共振器の変位を検出する．単体での感度はそれほど高くないが，単電子トランジスタなどの高感度電荷計とオンチップで組み合わせることができるため，$10^{-14}\,\mathrm{m}/\sqrt{\mathrm{Hz}}$ を超える感度が得られている例もある[111,112]．

c. 圧電励振・検出法

共振器を構成する材料として圧電材料を用いることができる場合には[85~87,109]，これを用いて励振・検出を行うことができる．その例として，筆者らが実際に研究に用いた GaAs/AlGaAs のヘテロ構造を用いた方法について説明する．図 6.23 に示したように，梁構造は表面電極，AlGaAs 絶縁層，GaAs 導電層から形成される．今，表面電極と導電層の間に電圧をかけると，その間の AlGaAs が圧電材料であることにより，応力が発生する．AlGaAs などの閃亜鉛鉱構造の場合には，この応力は梁に沿った方向に働く．しかし，梁の表面側半分だけにこの応力は発生するため，梁を曲げる曲げモーメントとして働く．この曲げモーメントにより，梁を駆動する．

一方，圧電材料に対しては逆の機能もある．梁が運動すると上記と同様の作用により梁の長さ方向の歪が発生するが，この歪により表面電極と導電層間に電圧が発生する．すなわちこの電圧により梁の振動を検出することが可能となる．単体として用い，外部のアンプに直接入力した場合の感度はそれほど高くなく，長さ $250\,\mu\mathrm{m}$，厚さ $1\,\mu\mathrm{m}$ の両持ち梁構造において，約 $10^{-10}\,\mathrm{m}/\sqrt{\mathrm{Hz}}$ 程度であるが，単電子トランジスタと組み合わせることにより，最近では $10^{-14}\,\mathrm{m}/\sqrt{\mathrm{Hz}}$ 台の変位感度も得られている．

d. ピエゾ抵抗検出法

実用素子として用いられている電気的検出法として，ピエゾ抵抗もよく用いられる[113,114]．ピエゾ抵抗とは，半導体などの抵抗値が歪により変化する現象である．そのメカニズムは材料ごとに異なるが，よく用いられる p-Si の場合には，六つの価電子帯上端の縮退が歪により解け，それらの移動度の違いにより抵抗率が変わるとされている．このピエゾ抵抗の大きさを示す指数としてゲージファクターが用いられる．典型的なピエゾ抵抗材料である p-Si のゲージファクターは数十程度の大きさである．一方，ナノ材料として有名なカーボンナノチューブは大きなゲージファクターを持つことが知られており，1,000 に至る値が報告されている[115]．

e. 電磁誘導法

最後に，電磁誘導の方法について紹介しよう．すでに 6.3.3 項でも述べたが，この手法は数 T の強磁場が必要であるというデメリットもあるが，非常に小さなナノスケール構造においても励振・振動が可能である[82]．励振にはローレンツ力を用いる．すなわち，梁上の電極に電流を流し，それと垂直方向に加えられた磁場により発生するローレンツ力により，梁の運動を引き起こす．逆に，梁が運動すると磁場との相互作用により誘導起電力が発生し，それを測定することで梁の運動を検出する．実際の測定では，ネットワークアナライザが用いられる．加えられた交流電圧により梁が振動すると加えた電流を妨げる方向に電圧が発生し，梁のインピーダンスの変化として検出できる．

6.6.3　走査プローブ顕微鏡と微小物理量のセンサー

それでは，このような微小機械構造の最も広く用いられている応用として，力や質量センサーとしての応用について述べよう．6.2.3 項で述べたように，梁構造の力感度は構造の微細化とともに向上する．このような究極的なセンサーとしての応用をいくつか紹介しよう．まず，最初に広く研究用表面観察装置として知られている走査プローブ顕微鏡について紹介する．図 6.28 にその概念図を示す．

カンチレバーの先端にある探針と試料の間に原子間力が働くと，カンチレバーのたわみにより反射したレーザー光は光路を変え，4 分割フォトダイオードのそれぞれの出力に変化が生じる．それをピエゾスキャナーにフィードバックさ

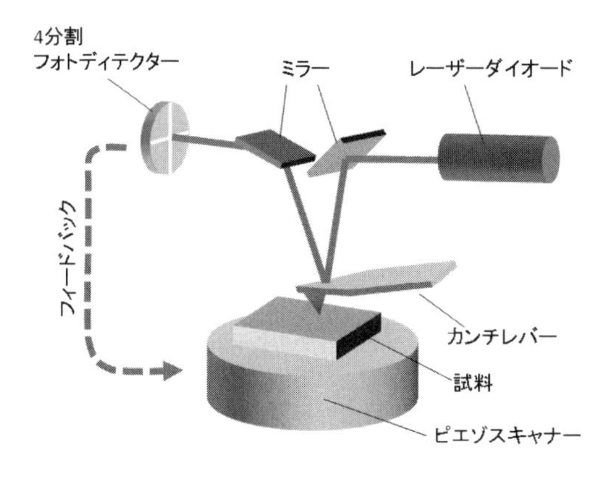

図 6.28　走査プローブ顕微鏡の原理を表した模式図

せ，カンチレバーに加わる原子間力が一定になるように試料を上下させる．この状態を保ちながら試料を水平方向に移動させると，その表面形状に応じた電圧がピエゾスキャナーに印加される．したがって，その電圧を場所の関数としてプロットすれば，表面の凹凸像が得られる．6.2.3 項で示したように，カンチレバーは驚くほど加えられる力に敏感であり，原子層の厚さの段差まで読み取ることができる．この AFM の走査モードをコンタクトモードと呼ぶが，カンチレバー先端の探針が試料に接触しながら動くため，小さな力であるとはいえ，生体材料などの壊れやすい試料に対しては用いることができない．そのような場合，タッピングモードと呼ばれる走査方法を用いる．タッピングモードではカンチレバーに小さなピエゾ素子を装着し，カンチレバーを共振周波数の近傍で励振する．周波数を振動振幅の変化が最も大きな点に合わせ，探針と試料の距離を近づけていくと，これらの相互作用が生じ始めたとき，共振周波数が変化することにより振動振幅が変化する．タッピングモードでは，この振動振幅の変化により試料との接触を検出する．一般に，タッピングモードはコンタクトモードに比べて解像度が低いが，試料とは常に接触しているわけではないので，走査による試料へのダメージが少ない．

このような共振周波数の変化により高感度に物理量を検出する手法は，機械共振器の様々なセンサー応用において用いられる．その一例として，機械共振器を用いた電荷検出の結果について紹介する[116]（図 6.29）．電荷検出に用いられる素子構造を模式的に示したものである．ここで扱われている機械共振器はねじれタイプの振動子で，振動部分の表面に二つの長方形のループ電極が形成

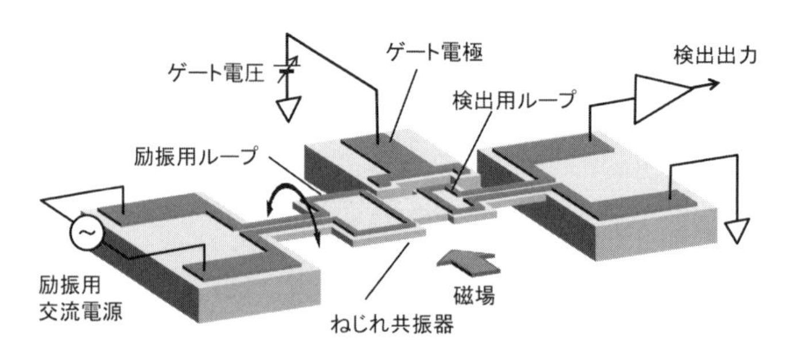

図 6.29　ねじれモード機械共振器による電荷計の模式図[116]

されている．横から磁場が印加された状態で図の左側の励振用ループに交流電流を流すと，先に電磁誘導法のところで紹介したようにローレンツ力によって振動子がねじれ状のモーメントを受ける．この際，右側の検出用ループに発生する誘導起電力を測定すると，この共振器の振動が検出できる．ここでゲート電極に電圧をかけると，検出用ループとの間に発生するクーロン力により共振周波数が変調を受ける．A. Cleland と M. Roukes らのグループは，この共振周波数のシフトにより，ゲート電極に加えられた電荷が高感度に検出でき，極限的には単電子レベルの検出が可能であることを示した．

最後に，IBM のグループが行った単一スピン検出の結果について紹介しよう．IBM の D. Eigler らは 1995 年ごろよりカンチレバーの応用として単一スピン検出について提案を行っている．2004 年に電子スピンに対してそれを実現することに成功した[81]．測定対象となる試料に対して電子スピン共鳴が起きる磁場と高周波を印加すると，電子スピンは歳差運動を行う．これは通常の電子スピン共鳴である．先端に強磁性体が取り付けられたカンチレバーを試料に近づける．そうすると，磁場勾配が発生し，強磁性体が引き起こした磁場と外部から加えた磁場の和が等しい曲面上でのみ電子スピン共鳴が起きるが，これによりカンチレバーには反作用が生じる．この反作用をレーザー干渉計で計測することにより，位置情報をも含んだ電子スピンの計測が可能となる．

6.6.4 信号処理とロジック応用

さてこのようなセンサー以外の応用として，我々が最近実験を行った信号処理への応用を紹介しよう．すでに 6.5 節で述べたように，パラメトリック励振においては閾値より大きな励振に対して，π だけ位相の異なる二つの安定解が存在する．この二つの解をそれぞれ “0” ならびに “1” のバイナリー信号を表現する状態とみなす．すなわち，バイナリー情報を振動の位相として表現し，それを異なるパラメトリック振動子の間で転送することにより演算を行うことが可能である．この考え方により，“0” ならびに “1” の情報を機械共振器に保持させた結果を図 6.30 に示す．詳しい動作原理については文献[87] を参照してほしい．

この考え方は我々の機械共振器に対して初めて提案したものではない．実は

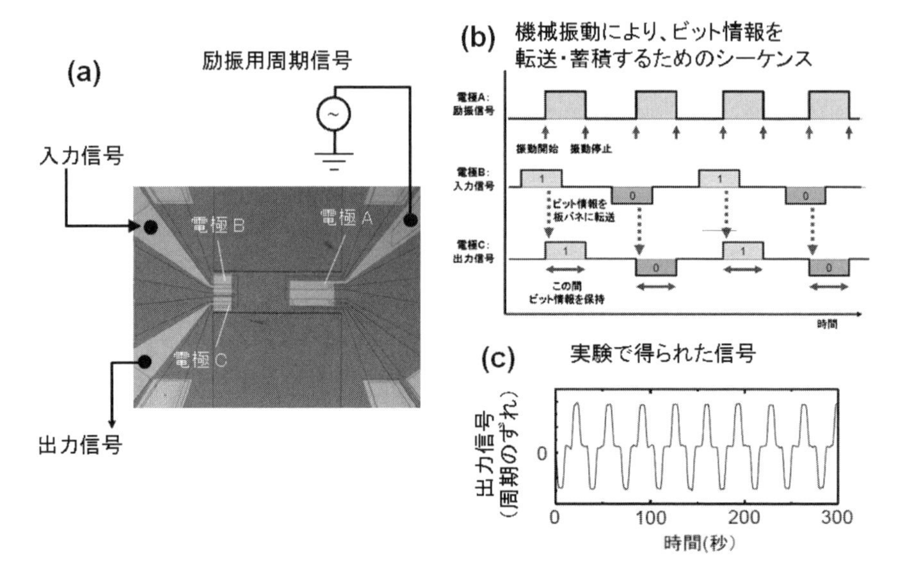

図 6.30　機械共振器によるパラメトロン動作[87)]．(a) 素子構造と入出力電極．(b) ビット情報を転送蓄積するためのシーケンス．(c) 蓄積されたビット情報を読み出した結果．

約 50 年前に「パラメトロン」として実際に数値計算に用いられていた手法である．ただしパラメトリック共振器は，ここで示した機械共振器ではなく，コイルとコンデンサーからなる電気的な共振器を用いて構成された．当時は真空管からトランジスタに信号処理の主役が変わり始めていた時代であり，日本では，これら米国で発展していたものとは異なる独自の手法でコンピュータの開発が進められていた．これが「パラメトロン」であり，実際に数千というパラメトリック共振器によりコンピュータが構成され，数値計算に用いられていたというから驚きである[117)]．結局，「パラメトロン」は速度や小型化という点でトランジスタにその後主役を明け渡したが，このようなパラメトリック共振器における位相情報を用いてバイナリーデータを処理するという手法により多くのアルゴリズムが実際に構成され，実用技術として用いられていた．機械共振器の周波数はまだ最大で 1 GHz 程度であり，速度の面ではまだまだ困難があるが，もしこれらの LC 共振器からなるパラメトロンをすべて機械共振器に置き換えれば，微小でかつ低消費電力のコンピュータシステムが将来実現できるかもしれない.

類似の考え方により，機械共振器でバイナリー情報を処理しようというアイデアは他にも報告されている．例えば，ダフィング共振器の双安定状態を用いてメモリーを構成しようとしたり[104]，あるいは結合カンチレバーで XOR のゲート動作を実現したりするものである[86]．今のところ，これらの手法は原理実証実験の範囲を超えていないが，機械共振器により論理回路，あるいはより広く信号処理装置を構成しようというアイデア自体は，将来何らかの形で実用技術として用いられるかもしれない.

6.7 機械振動子の量子極限に向けて

さて，最後に，ナノ機械共振器の量子力学的な振る舞いについて述べることにする．ここ 10 年ほどの間，ナノ機械共振器の研究がなぜ大きな注目を集めるようになったのか，その大きな理由の一つがここにある．すでに述べたように，機械共振器の力学系は，無限個の調和振動子の集団とみなすことができ，ひとつひとつの調和振動子は個々の振動モードに対応している．場の量子論を勉強された方は，似たような話を場の波動方程式について学んだことであろう．そこでは，場を無限の調和振動子に分解し，それぞれを量子化することにより，もともと波としての性質を持っていた場の力学変数のエネルギーが離散化し，粒子性を持つことになる．この粒子性としての性質を機械振動に対して捉えようというわけである．この分野は最近大きく発展しており，紙面の都合で概要だけの紹介となるが，詳しくは最近のレビュー[108]を参照してほしい.

6.7.1 機械共振器におけるエネルギー量子と標準量子限界

電磁場を無限個の調和振動子に分解したときのエネルギー量子が光子であり，固体中の弾性波のエネルギー量子はフォノンである．ここまで議論してきた機械共振器の力学系も固体中の弾性波の一種であり，その量子化した素励起はフォノンの一種であるが，通常のフォノンと大きく異なる点は 3 次元方向すべてに対して閉じ込められた境界条件を持つことである．すなわち，例えば両持ち梁を考えると，幅と厚さ方向には連続体が寸断されることによる自由端の境界条件が与えられ，長さ方向には支持部において固定端としての境界条件が与えられる．これにより，通常連続的であるフォノンのスペクトルがとびとびの値となり，特別の振動数を持ったフォノンのみが存在する．別の言い方をすると，機械共振器はフォノンのキャビティーであり，フォノンを有限領域に閉じ込める効果を有する．したがって，機械共振器の量子力学的振る舞いというものは，すなわち閉じ込められたフォノンの振る舞いと言うことができよう．

もう一点通常のフォノンと異なる点がある．通常，固体物理において重要となるフォノンの周波数は 1 THz を超えるかなり高い領域である．一方，機械振動子においては，高々数 GHz の領域である．1 GHz の振動子の量子化エネルギーは温度にして 40 mK に相当し，量子化された調和振動子が基底状態に落ち込むには希釈冷凍機が必要である．すなわち，このような機械振動子の量子力学的な振る舞いを観察するには，1 GHz 以上の高い共振周波数を有する微細な構造の極微細な振動特性を，希釈冷凍機温度において測定する必要がある．このような測定が可能となる条件を，大雑把に求めてみよう．

まず，エネルギー量子が熱エネルギーよりも大きくなるような微細な共振器が必要である．40 mK において基底状態になる 1 GHz の共振器は，例えば Si (GaAs) を用いた場合には長さ 800 (400) nm，厚さ 80 (40) nm の両持ち梁によって実現できる．現在の微細加工技術を用いれば，このような構造を作ることはそれほど大変ではない．むしろ困難なのは，このような微細な共振器の量子力学的な振る舞いを検出する測定技術である．基底状態にある共振器のゼロ点振動の大きさは標準量子限界 (standard quantum limit; SQL) と呼ばれる．基底状態における平均の位置エネルギー が $\langle m\omega^2 q^2/2\rangle = \hbar\omega_0/4$ で与えられることより，上記の形状の Si あるいは GaAs の両持ち梁の場合，幅を 100 nm とすると標準量子限界は

$$\Delta_{\mathrm{SQL}} = \sqrt{\langle q^2\rangle} = \sqrt{\frac{\hbar\omega_0}{4}\Big/\frac{m\omega_0^2}{2}} \sim 3.4(\mathrm{Si})/4.4(\mathrm{GaAs}) \times 10^{-14}\ \mathrm{m} \quad (6.86)$$

となる．今，共振周波数 f_0 が 1 GHz，Q 値が 10^5 程度だとすると，共振幅 Δf は $\Delta f \sim f_0/Q \sim 10^4$ Hz となる．実際にゼロ点振動に対応する揺らぎはこの周波数幅に広がっている．よって，周波数スペクトルとして量子揺らぎを検出するのに必要な変位検出感度 $\sqrt{S_q}$ は

$$\sqrt{S_q} = \frac{\Delta_{\mathrm{SQL}}}{\sqrt{\Delta f}} = 3.4(\mathrm{Si})/4.4(\mathrm{GaAs}) \times 10^{-16}\,\mathrm{m}/\sqrt{\mathrm{Hz}} \qquad (6.87)$$

となる．

6.7.2　量子極限を目指す試み

このように，共振器の量子力学的な揺らぎを検出するには，幅 100 nm，長さ数百 nm という極めて小さな共振器構造に対して，フェムトメートルを超える感度で振動変位を検出する必要がある．このような量子極限を目指したいくつかの試みについて，最後に紹介しよう．

まず，昨今最も盛んに行われているのは，光の共振器と機械共振器を結合させた光機械結合素子による研究である．すでに 6.6.2 項で述べたように，光の干渉を用いることにより，機械共振器の振動を高感度に検出することができる．さらに，6.4.5 項で述べたレーザー冷却の手法と組み合わせることで，機械振動モードの有効温度を環境温度より下げ，必ずしも 1 GHz 以上かつ希釈冷凍機温度という条件を満たさなくても，量子力学的な基底状態を実現することができる．

このような光機械結合素子を用いて最も成功している例の一つは，共振器として光機械結晶（optomechanical crystal）と呼ばれる光の波長程度の周期性を持つ梁構造を用いた例である．カリフォルニア工科大学の O. Painter らのグループは，人工的な周期構造が光と機械振動の両方に対する共振器として働くことを利用し，サイドバンド冷却（6.4.5 項で述べたレーザー冷却をさらに高度化した手法）により，3.68 GHz の機械共振器の有効温度を 20 K から冷却し，1 以下の占有率 $n = 0.85$ を実現した[107]．このときの変位検出感度は，5.4×10^{-18} m という極めて高い感度である．また，別の手法として，NIST の J. Teufel らは 7.54 GHz のマイクロ波共振器と 10.56 MHz の機械共振器を組み合わせ，20 mK の希釈冷凍器において $n = 0.34$ の占有率までサイドバンド冷却を行うことに成功している[106]．こちらも 2.3×10^{-17} m という高い変位検出感度を持っている．光ではなくマイクロ波のフォトンを用いているため，希釈冷凍機を用いた実験ができるというメリットがある．

一方，機械共振器と単電子トランジスタを結合させ，高感度の振動検出を行った例も多い．UCSB のグループは，金属単電子トランジスタを用い，10^{-15} m/$\sqrt{\text{Hz}}$ 台の変位検出感度を実現した[111]．また，K. Schwab らのグループは，超伝導単電子トランジスタを用いて，同じく 10^{-15} m/$\sqrt{\text{Hz}}$ 台の検出感度を実現したのみならず，機械共振器のモード冷却を行うことにも成功していている[112,118]．我々も超伝導回路である SQUID と組み合わせて同様の感度を得ることに成功している[119]．

現時点で最も進んだ実験は，超伝導量子ビットと機械共振器とを結合させ，共振器のフォック状態を自在に制御した例であろう[91]．すなわち，励起した量子ビットからフォノン 1 個に相当するエネルギーを一つずつ転送することにより，任意の数のフォノン数状態を実現した．これは機械共振器の量子極限を実現する試みにおいて，大きなブレークスルーを実現したと言えよう．

また，全く異なる試みとして，極めて細い熱伝導チャネルにおける熱伝導率の量子化を検出したという例がある[120]．機械共振器の量子極限を得たわけではないが，フォノンに対する量子効果を観測したという意味では，大変興味深い実験である．

6.8 む す び

本章では，マイクロ・ナノメカニカル構造の持つ基本的な性質と，その応用技術について解説した．微細化に伴いメカニカル構造は外部から加わる力に非常に敏感になり，様々なセンサーとして用いられている．また，メカニカル共振器は従来の電気的な共振器に比べ，非常に高い Q 値を持つという特徴を有し，センサー応用のみならず，信号処理や巨視的量子系の研究にも用いられていることを示した．このような微小メカニカル構造の研究が盛んに行われ始めたのは，ここほんの 10〜20 年ほどの間であり，これからますます発展していくことが期待される．

文　献

第 1 章

1) MBE に関する優れた解説書は多数出版されているが，例えば，権田俊一編著，分子線エピタキシ，培風館（1994).
2) J. H. Neave et al., Appl. Phys. A 31, 1 (1983).
3) A. Poudoulec et al. Appl. Phys. Lett. 60, 2406 (1992).
4) R. C. Miller, A. C. Gossard, W. T. Tsang, and O. Munteanu, Phys. Rev. B 25, 3871 (1982).
5) D. Leonard et al. Appl. Phys. Lett. 63, 3203 (1993).
6) J.-Y. Marzin et al. Phys. Rev. Lett. 73, 716 (1994).
7) L. Pfeiffer and K. W. West, Physica E 20, 57 (2003).
8) Y. Hirayama, K. Muraki, and T. Saku, Appl. Phys. Lett. 72, 1745 (1998).
9) 半導体プロセスに関する解説書としては，実用シリコン MOS デバイスが中心であるが，前田和夫，はじめての半導体ナノプロセス，工業調査会（2004）などがある.
10) 安藤恒也編集，量子効果と磁場，丸善（1995).（2.2 全般).
11) T. Ihn, Semiconductor Nanostructures, Oxford University Press (2010).（2.2 全般).

第 2 章

12) 安藤恒也編集，量子効果と磁場，丸善（1995).
13) 吉岡大二郎，量子ホール効果，岩波書店（1998).
14) T. Ihn, Semiconductor Nanostructures, Oxford University Press (2010).
15) 中島龍也，青木秀夫，分数量子ホール効果，東京大学出版会（1999).
16) K. von Klitzing, G. Dorda, and M. Pepper, Phys. Rev. Lett. 45, 494 (1981).
17) M. Büttiker, Phys. Rev. B38, 9375 (1988).
18) D. C. Tsui, H. L. Störmer, and A. C. Gossard, Phys. Rev. Lett. 59, 1776 (1982).
19) J. K. Jain, Phys. Rev. Lett. 63, 199 (1989).
20) R. Willett, J. P. Eisenstein, H. L. Störmer, D. C. Tsui, A. C. Gossard, and J. H. English, Phys. Rev. Lett. 59, 1776 (1987).
21) D. K. Maude, M. Potemski, J. C. Portal, M. Henini, L. Eaves, G. Hill, and M. A. Pate, Phys. Rev. Lett. 77, 4604 (1996).
22) H. W. Liu, K. F. Yang, T. D. Mishima, M. B. Santos, and Y. Hirayama, Phys. Rev. B 82 (RC), 241304 (2010).
23) L. Tiemann, G. Gamez, N. Kumada, and K. Muraki, Science 335, 828 (2012).

第 3 章

24) B. J. van Wees, H. van Houten, C. W. J. Beenakker, J. G. Williamson, L. P. Kouwenhoven, D. van der Marel, and C. T. Foxon, Phys. Rev. Lett. 60, 848

(1988).
25) A. Kawabata, J. Phys. Soc. Japan, 58, 372 (1989).
26) M. Büttiker, Phys. Rev. B 41, 7906 (1990).
27) B. J. van Wees, L. P. Kouwenhoven, H. van Houten, C. W. J. Beenakker, J. E. Mooij, C. T. Foxon, and J. J. Harris, Phys. Rev. B 38, 3625 (1988).
28) K. J. Thomas, J. T. Nicholls, M. Y. Simmons, M. Pepper, D. R. Mace, and D. A. Ritchie, Phys. Rev. Lett. 77, 135 (1996).
29) S. M. Cronenwett, H. J. Lynch, D. Goldhaber-Gordon, L. P. Kouwenhoven, C. M. Marcus, K. Hirose, N. S. Wingreen, and V. Umansky, Phys. Rev. Lett. 88, 226805 (2002).
30) F. Bauer, J. Heyder, E. Schubert, D. Borowsky, D. Taubert, B. Bruognolo, D. Schuh, W. Wegscheider, J. von Delft, and S. Ludwig, Nature 501, 73 (2013).
31) M. J. Iqbal, R. Levy, E. J. Koop, J. B. Dekker, J. P. de Jong, J. H. M. van der Velde, D. Reuter, A. D. Wieck, R. Aguado, Y. Meir, and C. H. van der Wal, Nature 501, 79 (2013).
32) K. J. Thomas, J. T. Nicholls, M. Y. Simmons, W. R. Tribe, A. G. Davies, and M. Pepper, Phys. Rev. B 59, 12252 (1999).
33) S. Ichinokura, T. Hatano, W. Izumida, K. Nagase, and Y. Hirayama, Appl. Phys. Lett. 103, 062106 (2013).

第 4 章
34) 量子ドット全般に関するレビューとしては L. P. Kouwenhoven et al., in Mesoscopic Electron Transport, Edited by L. L. Sohn et al., NATO ASI Series E345 (Kluwer, Dordrecht, 1997) など.
35) T. Fujisawa et al., Science 312, 1634 (2006).
36) T. Fujisawa et al., Appl. Phys. Lett. 64, 2250 (1994); T. Fujisawa and S. Tarucha, Appl. Phys. Lett. 68, 526 (1996).
37) S. Tarucha et al., Phys. Rev. Lett. 77, 3613 (1996).
38) D. G. Austing, T. Honda, and S. Tarucha, Jpn. J. Appl. Phys. Part 1 36, 4151 (1997).
39) L. P. Kouwenhoven et al., Science 278, 1788 (1997).
40) S. Tarucha et al., Phys. Rev. Lett. 84, 2485 (2000).
41) V. Fock, Z. Phys. 47, 446 (1928); C. G. Darwin, Proc. Cambridge Philos. Soc. 27, 86 (1930).
42) W. G. van der Wiel et al., Rev. Mod. Phys. 75, 1 (2003).
43) C. Livermore et al., Science 274, 1332 (1996).
44) T. H. Oosterkamp et al., Nature 395, 873 (1998).
45) T. Fujisawa et al., Nature 419, 278 (2002).
46) S. Sasaki et al., Phys. Rev. Lett. 95, 056803 (2005).
47) T. Hayashi et al., Phys. Rev. Lett. 91, 226804 (2003).
48) J. Kondo, Prog. Theor. Phys. 32, 37 (1964).
49) L. I. Glazman and M. E. Raikh, JETP Lett. 47, 452 (1988); T. K. Ng and P. A. Lee, Phys. Rev. Lett. 61, 1768 (1988); A. Kawabata, J. Phys. Soc. Jpn. 60, 3222

(1991).
50) D. Goldhaber-Gordon, H. Shtrikman, D. Mahalu, D. Abusch-Magder, U. Meirav, and M. A. Kastner, Nature 391, 156 (1998); S. M. Cronenwett, T. H. Oosterkamp and L. P. Kouwenhoven, Science 281, 540 (1998); J. Schmid, J. Weiss, K. Ebel, and K. von Klitzing, Physica B 256–258, 182 (1998).
51) M. Grobis, I. G. Rau, R. M. Potok, and D. Goldhaber-Gordon, in Handbook of Magnetism and Magnetic Materials, Edited by H. Kronmuller and S. Parkin, Wiley (2007).
52) W. G. van der Wiel et al., Science 289, 2105 (2000).
53) D. Goldhaber-Gordon et al., Phys. Rev. Lett. 81, 5225 (1998).
54) 岡崎雄馬, 東北大学大学院理学研究科物理学専攻博士論文 (2011).
55) M. Sato et al., Phys. Rev. Lett. 95, 066801 (2005).
56) S. Sasaki et al., J. Vac. Sci. Technol. B 24, 2024 (2006).
57) U. Fano, Phys. Rev. 124, 1866 (1961).
58) S. Sasaki et al., Nature 405, 764 (2000).
59) M. Eto and Y. V. Nazarov, Phys. Rev. Lett. 85, 1306 (2000).
60) M. Eto, J. Phys. Soc. Jpn. 74, 95 (2005).
61) S. Sasaki et al., Phys. Rev. Lett. 93, 17205 (2004).
62) M. Pustilnik and L. I. Glazman, Phys. Rev. B 64, 045328 (2001).
63) P. Jarillo-Herrero et al., Nature 434, 484 (2005).
64) M. Stopa et al., Phys. Rev. Lett. 91, 046601 (2003).
65) D. Kupidura et al., Phys. Rev. Lett. 96, 046802 (2006).
66) U. Wilhelm, J. Schmid, J. Weis and K. v. Klitzing, Physica E 14, 385 (2002).
67) S. Amasha et al., Phys. Rev. Lett. 110, 046604 (2013).
68) L. Borda et al., Phys. Rev. Lett. 90, 026602 (2003).
69) Y. Okazaki et al., Phys. Rev. B 84, 161305(R) (2011).
70) D. Feinberg and P. Simon, Appl. Phys. Lett. 85, 1846 (2004).

第 5 章

71) 日本学術振興会未踏・ナノデバイステクノロジー第 151 委員会編, 青柳克信, 石橋幸治, 高柳英明, 中ノ勇人, 平山祥郎, 基礎からわかるナノデバイス, コロナ社 (2011), 第 2, 4 章.
72) T. Hayashi, T. Fujisawa, H. D. Cheong, Y. H. Jeong, and Y. Hirayama, Phys. Rev. Lett. 91, 226804 (2003).
73) F. H. Koppens, C. Buizert, K. J. Tielrooij, I. T. Vink, K. C. Nowack, T. Meunier, L. P. Kouwenhoven, and L. M. Vandersypen, Nature 442, 766 (2006).
74) J. Yoneda, T. Otsuka, T. Nakajima, T. Takakura, T. Obata, M. Pioro-Ladriere, H. Lu, C. Palmstrom, A. C. Gossard, and S. Tarucha, Phys. Rev. Lett. 113, 267601 (2014).
75) G. Yusa, K. Muraki, K. Takashina, K. Hashimoto, and Y. Hirayama, Nature, 434, 1001 (2005).
76) Y. Hirayama, A. Miranowicz, T. Ota, G. Yusa, K. Muraki, S. K. Ozdemir, and N. Imoto, J. Phys.: Condens. Matter 18, S885 (2006).

77) T. Yuge, S. Sasaki, and Y. Hirayama, Phys. Rev. Lett. 107, 170504 (2011).

第 6 章

78) メカニカル構造に関して，物理的な側面を中心として議論した日本語の教科書は今のところ出ていない．英語では，A. Cleland, Foundations of Nanomechanics, Springer (2003).
79) MEMS に関する優れた教科書は多いが，例えば初学者向けとして，江刺正喜，初めての MEMS，森北出版（2011）.
80) 材料力学に関するわかりやすい教科書としては，高橋幸伯・町田 進・角 洋一，基礎材料力学，培風館（2004）.
81) D. Rugar, R. Budakian, H. J. Mamin, and B. W. Chui, Nature 430, 329 (2004).
82) A. N. Cleland and M. L. Roukes, Appl. Phys. Lett. 69, 2653 (1996).
83) S. S. Verbridge, J. M. Parpia, R. B. Reichenbach, L. M. Bellan, and H. G. Craighead, J. Appl. Phys. 99, 124304 (2006).
84) S. S. Verbridge, H. G. Craighead, and J. M. Parpia, Appl. Phys. Lett. 92, 013112 (2008).
85) T. Itoh and T. Suga, Appl. Phys. Lett. 64, 37 (1994).
86) S. C. Masmanidis, R. B. Karabalin, I. De Vlaminck, G. Borghs, M. R. Freeman, and M. L. Roukes, Science 317, 780 (2007).
87) I. Mahboob and H. Yamaguchi, Nat. Nanotechnol. 3, 275 (2008).
88) H. Yamaguchi, et al., Appl. Phys. Lett. 92, 251913 (2008).
89) G. R. Kline and K. M. Lakin, Appl. Phys. Lett. 43, 750 (1983).
90) M. Faucher et al., Appl. Phys. Lett. 94, 233506 (2009).
91) A. D. O'Connell et al., Nature 464, 697 (2010).
92) P. Poncharal, Z. L. Wang, D. Ugarte, and W. A. de Heer, Science 283, 1413 (1999).
93) V. Sazonova, Y. Yaish, H. Ustunel, D. Roundy, T. A. Arias, and P. L. McEuen, Nature 431, 284 (2004).
94) J. S. Bunch, A. M. van der Zande, S. S. Verbridge, I. W. Frank, D. M. Tanenbaum, J. M. Parpia, H. G. Craighead, and P. L. McEuen, Science 315, 490 (2007).
95) R. A. Barton, J. Parpia, and H. G. Craighead, J. Vac. Sci. Technol. B 29, 050801 (2011).
96) K. Jensen, K. Kim, and A. Zettl, Nat. Nanotechnol. 3, 533 (2008).
97) 場の解析力学に関しては，例えば，高橋 康，柏 太郎，量子場を学ぶための場の解析力学入門，講談社（2005）.
98) H. J. R. Westra, M. Poot, H. S. J. van der Zant, and W. J. Venstra, Phys. Rev. Lett. 105, 117205 (2010).
99) I. Mahboob, K. Nishiguchi, H. Okamoto, and H. Yamaguchi, Nature Phys. 8, 387 (2012).
100) A. Eichler, M. del Alamo Ruiz, J. A. Plaza, and A. Bachtold, Phys. Rev. Lett. 109, 025503 (2012).
101) 例えば，國枝正春，実用機械振動学，理工学社（1984）.

102) R. Lifshitz and M. C. Cross, Nonlinear Dynamics of Nanomechanical Resonators in Reveiws of Nonlinear Dynamics and Complexity, Wiley-VCH (2008).
103) 例えば，太田隆夫，非平衡系の物理学，裳華房（2000）
104) R. L. Badzey, G. Zolfagharkhani, A. Gaidarzhy, and P. Mohanty, Appl. Phys. Lett. 85, 3587 (2004).
105) C. H. Metzger and K. Karrai, Nature 432, 1002 (2004).
106) J. D. Teufel et al., Nature 475, 359 (2011).
107) J. Chan et al., Nature 478, 89 (2011).
108) 最近のレビューとしては，M. Poot and H. S. J. van der Zant, Phys. Rep. 511, 273 (2012).
109) H. Okamoto et al., Nature Physics 9, 480 (2013).
110) D. Rugar and P. Grütter, Phys. Rev. Lett. 67, 699 (1991).
111) R. G. Knobel and A. N. Cleland, Nature 424, 291 (2003).
112) M. D. LaHaye et al., Science 304, 74 (2004).
113) M. Tortonese, R. C. Barrett, and C. F. Quate, Appl. Phys. Lett. 62, 834 (1993).
114) R. G. Beck, M. A. Eriksson, R. M. Westervelt, K. L. Campman, and A. C. Gossard, Appl. Phys. Lett. 68, 3763 (1996).
115) J. Cao, Q. Wang, and H. Dai, Phys. Rev. Lett. 90, 157601 (2003).
116) A. N. Cleland and M. L. Roukes, Nature 392, 160 (1998).
117) E. Goto, Proc. IRE 47, 1304 (1959).
118) A. Naik et al., Nature 443, 193 (2006).
119) S. Ekaki et al., Nature Phys. 4, 785 (2008).
120) K. Schwab, E. A. Henriksen, J. M. Worlock, and M. L. Roukes, Nature 404, 974 (2000).

索　引

欧　文

ア　行

カ　行

サ　行

タ　行

ナ　行

ハ　行

著者略歴

平山祥郎（ひらやま よしろう）

1955年 神奈川県に生まれる
1983年 東京大学大学院工学系研究科博士課程修了
現　在 東北大学大学院理学研究科教授
工学博士

山口浩司（やまぐち ひろし）

1961年 大阪府に生まれる
1986年 大阪大学大学院理学研究科博士前期課程修了
現　在 NTT物性科学基礎研究所上席特別研究員
博士（工学）

佐々木智（ささき さとし）

1965年 東京都に生まれる
1993年 東京大学大学院工学系研究科博士課程修了
現　在 NTT物性科学基礎研究所主任研究員
博士（工学）

現代物理学［展開シリーズ］5
半導体量子構造の物理

定価はカバーに表示

2016年6月20日　初版第1刷

著　者　平　山　祥　郎
　　　　山　口　浩　司
　　　　佐　々　木　智
発行者　朝　倉　誠　造
発行所　株式会社　朝　倉　書　店
東京都新宿区新小川町6-29
郵便番号　162-8707
電　話　03（3260）0141
FAX　03（3260）0180
http://www.asakura.co.jp

〈検印省略〉

© 2016〈無断複写・転載を禁ず〉

中央印刷・渡辺製本

ISBN 978-4-254-13785-9　C 3342　Printed in Japan

JCOPY ＜（社）出版者著作権管理機構 委託出版物＞

本書の無断複写は著作権法上での例外を除き禁じられています．複写される場合は，そのつど事前に，（社）出版者著作権管理機構（電話 03-3513-6969，FAX 03-3513-6979，e-mail: info@jcopy.or.jp）の許諾を得てください．

倉本義夫・江澤潤一　[編集]

現代物理学[基礎シリーズ]

1	**量子力学**	倉本義夫・江澤潤一	本体 3400 円
2	**解析力学と相対論**	二間瀬敏史・綿村　哲	本体 2900 円
3	**電磁気学**	須藤彰三・中村　哲	本体 3400 円
4	**統計物理学**	川勝年洋	本体 2900 円
5	**量子場の理論** 素粒子物理から凝縮系物理まで	江澤潤一	本体 3300 円
6	**基礎固体物性**	齋藤理一郎	本体 3000 円
7	**量子多体物理学**	倉本義夫	本体 3200 円
8	**原子核物理学**	滝川　昇	本体 3800 円
9	**宇宙物理学**	二間瀬敏史	本体 3000 円
10	**素粒子物理学**	日笠健一	

現代物理学[展開シリーズ]

1	**ニュートリノ物理学**	白井淳平・末包文彦	
2	**ハイパー核と中性子過剰核**	小林俊雄・田村裕和	
3	**光電子固体物性**	髙橋　隆	本体 2800 円
4	**強相関電子物理学**	青木晴善・小野寺秀也	本体 3900 円
5	**半導体量子構造の物理**	平山祥郎・山口浩司 佐々木　智	
6	**分子性ナノ構造物理学**	豊田直樹・谷垣勝己	本体 3400 円
7	**超高速分光と光誘起相転移**	岩井伸一郎	本体 3600 円
8	**生物物理学**	大木和夫・宮田英威	本体 3900 円

上記価格（税別）は 2016 年 5 月現在